桃李杏病虫害诊治原色图谱

TAO LI XING BINGCHONGHAI ZHENZHI
YUANSE TUPU

主　编　楚燕杰
编著者　楚燕杰　李秀英　王海娇
　　　　顾忠贵　张利梅

内 容 提 要

本书全面系统地介绍了桃李杏病、虫害鉴别与无公害防治方面的知识。内容包括了危害桃李杏病、虫形态特征、危害特点、发生规律及无公害综合防治技术。本书内容新颖，图文并茂，以图为主，信息量大，既突出了农业和生物防治，也介绍了无公害化学农药防治技术，每种病虫都配有多幅彩色图片。本书可供全国果树科技人员、植保人员、农林院校师生及广大果农参考使用。

科学技术文献出版社是国家科学技术部系统惟一一家中央级综合性科技出版机构，我们所有的努力都是为了使您增长知识和才干。

前言

　　病虫害防治是桃、李、杏田间管理的主要内容之一。这是因为树体从开花、发芽、展叶到果实成熟的各个阶段，都有不同种类的病虫害发生，树体的各个部位都有可能受到病虫害的危害。据资料记载，已知的虫害种类达89种，病害种类达67种，但在生产造成危害的主要有50余种。因此，在生产上，只要抓住主要病虫害加以控制，就可实现优质丰产的目的。

　　针对近几年来生产上出现的一些主要病虫害，本书搜集了当前生产上发生的主要病虫害56种，着重从病虫害的发生情况、危害特征、防治关键、防治方法等方面进行阐述，内容丰富，图文并茂，通俗易懂，可操作性强，解决了长期以来制约生产实现优质、高效的技术难题。可供从事生产及广大果树爱好者在实际工作中参考。

　　由于水平所限，搜集的资料和图片可能不够全面，不妥之处在所难免，恳请读者不吝赐教，以便修正。

编著者

目 录

第一章
桃李杏病害 /1

一、杏疔病 /1
二、杏树流胶病 /2
三、杏早期落叶病 /4
四、缺铁黄叶病 /5
五、杏树焦边黄叶病 /5
六、杏褐腐病 /6
七、杏芽癌病 /7
八、杏缺锰症 /8
九、杏斑枯病 /8
十、李红点病 /9
十一、杏黑星病 /10
十二、杏细菌性穿孔病 /11
十三、桃炭疽病 /12
十四、桃黑霉病 /13
十五、桃白粉病 /14
十六、桃细菌性穿孔病 /15
十七、桃褐斑穿孔病 /16
十八、桃缩叶病 /17
十九、桃褐腐病 /19
二十、桃黑星病 /20
二十一、桃早期落叶病 /22
二十二、桃树侵染性流胶病 /22
二十三、桃非侵染性流胶病 /24
二十四、李红点病 /24
二十五、李褐腐病 /25
二十六、李炭疽病 /26
二十七、李细菌性穿孔病 /27
二十八、李白粉病 /29
二十九、李树流胶病 /30

第二章
桃李杏虫害 /32

一、桃小食心虫 /32
二、李小食心虫 /34
三、桃蛀螟 /37
四、杏仁蜂 /38
五、桃仁蜂 /39
六、桃纵卷瘤蚜 /41
七、桃蚜 /42
八、桃粉蚜 /43
九、光星肩天牛 /44
十、桑天牛 /45
十一、红颈天牛 /47
十二、山楂叶螨 /49
十三、黑星麦蛾 /50
十四、桃潜叶蛾 /51
十五、小绿叶蝉 /53
十六、草履蚧 /54
十七、黄刺蛾 /55

十八、褐边绿刺蛾 /57
十九、双齿绿刺蛾 /59
二十、扁刺蛾 /60
二十一、黑绒金龟子 /62
二十二、朝鲜球坚蚧 /64
二十三、桑白蚧 /65
二十四、大青叶蝉 /66
二十五、天幕毛虫 /68
二十六、李枯叶蛾 /70
二十七、舟形毛虫 /71
二十八、杏星毛虫 /72
二十九、美国白蛾 /74
三十、桃象甲 /76
三十一、小木蠹蛾 /77

第三章
桃李杏病虫害无公害防治及丰产优质管理技术要点 /79
一、发芽前 /79
二、开花到落花 /79
三、果树生长期（落花—采收）/80
四、落叶后 / 81

第一章

桃李杏病害

一、杏疔病

杏疔病又称杏黄病、红肿病。主要为害新梢、叶片；也可为害花和果实。是杏树的常见病害。

1. 症状

新梢染病，节间缩短，其上叶片变黄，变厚，叶肉增厚，从叶柄开始向叶脉扩展，以后叶脉变为红褐色，叶肉呈暗绿色，变厚，并在叶正反两面散生许多小红点，即病菌分生孢子器。后期从小红点中涌出淡黄色孢子角，卷曲成短毛状或在叶面上混合成黄色胶层。

叶片染病，叶柄变短，变粗，基部肿胀，节间缩短。7月以后黄叶渐干枯，变为褐色，质地变硬，卷曲折合呈架形，8月以后病叶变黑，质脆易碎，叶背面散生小黑点，即子囊壳。黑叶于树上经久落，病枝结果少或不结果。

花染病，病花不多易开放，花苞增大，花萼、花瓣不易脱落。

果实染病，生长停滞，果面生淡黄色病斑，生有红褐色小粒点，病果后期干缩脱落或挂在树上。

杏疔病（叶片干枯）

杏疔病（叶片变厚、黄化）

2. 病原

Polystigma deformans Syd. 称杏疔座霉，属子囊菌亚门真菌。子座生于叶肉，扩散型，橙黄色，上

生黑色圆点状雄器，大小163.8～352.8微米×239.4～378微米，性孢子线形，弯曲，单胞，无色，大小18.6～45.5微米×0.6～1.1微米，子囊壳近球形，大小252～315微米×239～327微米，子囊棍棒形，内生8个子囊孢子，大小91～112微米×12.4～16.5微米；子囊孢子单胞无色、椭圆形，大小13～17微米×4～7微米。子囊孢子在水中很易萌发，经2小时可长出芽管，后生褐色薄膜或附着器侵入。子囊孢子的萌发力较易丧失。

3. 传播途径和发病条件

以子囊壳在病叶内越冬，春季从子囊壳中弹射出子囊孢子随气流传播到幼芽上，条件适宜时萌发侵入，随新叶生长在组织中蔓延；分生孢子在侵染中不起作用。子囊孢子在1年中只侵染1次，无再侵染。5月间出现症状，10月间叶变黑，并在叶背产生子囊越冬。

4. 防治方法

（1）5月至6月间及时剪除病叶、病梢，集中烧毁。

（2）在杏树展叶期喷1∶1.5∶200倍式波尔多液或30%绿得保胶悬剂400～500倍液、14%络氨铜水剂300倍液，隔10～15天1次，防治1次或2次效果良好。

二、杏树流胶病

杏树流胶病是一种生理性病害。引起该病的原因很多。轻者树势衰弱，造成减产，重者树死绝收。因此，现已成为影响杏果产量和商品质量的重要病害。

1. 症状

流胶主要发生在杏树的主干和主枝的桠杈处；严重的在杏树主干近地20～40厘米范围发生流胶。4月至10月均可发病，6月至8月为流胶盛期，流胶病发病初期，病部膨胀，随后陆续分泌出透明柔软的树胶，与空气接触后，胶体经空气氧化变成褐色，成为晶莹柔软的胶块，最后变成茶褐色硬质胶块。流胶处常呈肿胀状，树皮裂缝，病部皮层及木质部逐步变褐、变黑、腐朽，再被腐生菌侵染和小蠹虫侵食，严重削弱树势。随流胶量的不断增加，树体病部被胶体环绕，变质腐朽，造成形成层、韧皮部坏死，致使树体衰弱死亡。

虫害造成杏果流胶状

机械损伤造成树体流胶状

2. 病因

杏树流胶病同核果类其他果树流胶病一样，多年来一直受到果树专家学者和生产者的关注和研究。发病原因归类如下：

（1）据研究发现，半知菌类，丛梗孢目，丛梗孢科的轮枝孢菌，黄萎轮枝孢菌，大丽花轮枝孢菌和蕉孢壳菌等数个种真菌类病原菌对杏树流胶有致病性，该病原菌是因生理病变造成流胶后而侵入的腐生菌，又使流胶现象加重，其分生孢子通过风和雨水的传播，侵入伤口或流胶处。病原菌潜伏于被害枝条皮层组织及木质部，在死皮层中产生分生孢子，成为侵染来源。

（2）杏树在无病菌侵染时也形成少量的流胶，是生理性病害，在外因诱发乙烯大量合成剂，刺激产生过量细胞壁多糖，导致大量流胶。

（3）物理伤害和栽培措施不当均可诱发杏树流胶病，如雹伤、虫伤、冻伤、日光灼伤、机械创伤、高接换种和大枝更新等常易引起流胶病；夏季修剪过重，施肥不当，土质黏重，土壤酸性过强，农药使用不当，造成药害，果园排水不畅，浇水过多，拉枝绑绳解除不彻底等均可诱发杏树流胶病。

3. 防治方法

（1）增施有机肥料及树盘覆草，增加土壤的有机质含量，改善土壤结构和通气状况，利于根系活动，培养健壮树势，这是预防杏树流胶病的根本措施。

（2）尽量减少树体损伤，合理修剪，加强夏季修剪，保持树体通风透光，冬季剪除病虫枝，并对较大伤口抹清油铅油合剂等保护性药剂。

（3）控制氮肥施肥量，及时消灭蛀干害虫。

（4）保护树干。用生石灰10份、石硫合剂（石灰∶硫=1∶2，25波美度石硫合剂）1份、食盐2份、花生油0.3份加适量水，搅成糊状，对较大病斑刮除后涂药。

（5）保护树体。树体根灌硫酸铜

水溶液。在距主干周围1米处，挖30厘米深的坑施入，随即埋土。1月1次，共3～4次。浇灌标准：每株用100克硫酸铜和20千克水。

（6）伤口治疗。在树体休眠期用胶体杀菌剂（1千克乳胶加100克50%退菌特）涂抹病斑，杀灭病原菌。或刮除病斑流胶后，用5波美度石硫合剂进行伤口消毒，用涂蜡或煤焦油保护。

三、杏早期落叶病

1. 症状

主要危害杏、桃、李、樱桃等核果类果树的叶片，以及果实和枝梢。叶片发病，初期为水渍状小点，扩大后成圆形或不规则形病斑，紫褐色至黑褐色，大小约2毫米。病斑周围呈水渍状并有黄绿色晕圈。后病斑干枯发白色，病健组织交界处出现一圈裂缝，脱落后形成穿孔，或一部分与叶片相连。常造成大量落叶，削弱树势造成减产，还影响第2年产量。枝条受害后，形成春季溃疡和夏季溃疡两种类型，与桃细菌性穿孔病相似。果实被害，果面出现圆形、暗紫色、中央稍凹陷的斑，边缘水渍状。天气潮湿时，病斑上出现黄白色黏质物，干燥时常发生小裂纹。

2. 发病规律

细菌在枝条皮层组织内越冬，翌春开始活动。杏树开花前后，细

杏早期落叶病

菌从病组织中溢出，借风雨、昆虫传播，经叶片气孔、枝条的芽痕和果实的皮孔侵入，潜育期7～14天。枝条溃疡斑内细菌可存活1年以上。春季溃疡斑是主要初侵染源。气温19～28℃，相对湿度70%～90%利于发病。如夏天温度高，湿度小，溃疡斑易干燥，不利于发病。该病一般于5月间开始发病，7月至8月发病严重。温度适宜，雨水频繁或多雾、重雾季节发病重。大暴雨不利病菌的繁殖和侵染。一般春秋雨季病情扩展较快，夏季干旱季节扩展缓慢。树势强，病菌的潜育期长，发病较轻且晚。杏园地势低洼、排水不良、通风透光差、偏施氮肥等，发病较重。

3. 防治方法

（1）加强水肥管理，增施有机肥，避免偏施氮肥，合理修剪，注意果园通风透光。

（2）秋后结合冬剪，剪除病枝，清除落叶，集中烧毁。

(3) 药剂防治：发芽前喷洒5波美度石硫合剂或晶体石硫合剂30倍液，1∶1∶100倍式波尔多液、30%绿得保胶悬剂400～500倍液。发芽后喷72%农用链霉素可溶性粉剂3 000倍液或硫酸链霉素4 000倍液。亦可喷洒机油乳剂10∶代森锰锌1∶水500的混合液，可防该病，兼治蚜虫、介壳虫、叶蜗等。还可选用硫酸锌石灰液(硫酸锌1份、消石灰4份、水240份)，每15天喷1次，连喷2～3次。

四、缺铁黄叶病

树体黄叶病，是由于植物组织内铁的缺乏造成的一种生理病害。

1. 症状

黄叶从新梢的顶端嫩叶开始，越往枝节条的下端，老叶表现越轻。叶片受害后，叶肉变黄，叶脉两侧仍为绿色，故呈绿色网纹状。严重时，叶片失绿加重，变成白色，并在失绿部分出现锈褐色枯斑或叶缘焦枯，引起落叶。

2. 病因

由于缺铁而引起植物叶片变黄。

杏树黄叶病

缺铁黄叶病

3. 防治方法

(1) 增施有机肥改良土壤，压碱抗旱，及时排涝，保持土壤透气性。

(2) 发芽前每株土施硫酸亚铁100～150克，嫩叶期喷0.3%～0.5%的硫酸亚铁或氨基酸铁300倍液各1次，可起到较好防治效果。

五、杏树焦边黄叶病

杏树焦边黄叶病易发生于风沙地上的果园，这是一种综合生理病害的表现。在干旱、盐碱、贫瘠的风沙地发生严重。

1. 症状

焦边黄叶病在麦收前后开始显现，整个生长期不断，雨季减轻些。其主要表现为幼叶或成熟叶片发生黄化。但叶脉仍为绿色，随着时间的延长，叶脉也变为黄色并失绿，严重时，导致叶片的边缘则焦枯，并逐渐干枯死亡。

2. 病因

（1）水分失衡，氮素流失：杏树焦边病、黄叶病为干旱、氮素缺乏所致，过分干旱引起植株体内水分严重失衡，根系吸水困难，叶片因高温蒸腾量大，引起植株叶片焦边、黄叶、落叶。浇水和降雨使得土壤中氮素流失，因为风沙土本身养分含量就低，又不善保水、保肥，使得越浇水叶片越黄化。

（2）代谢紊乱，钾素缺乏：焦边病在风沙、干旱、盐碱、贫瘠土壤严重，这几种土壤环境的特点为养分缺乏、有害盐分含量高、各种离子不均，引起植株生理代谢失衡、紊乱。盐碱地还易发生各营养离子的拮抗作用，影响植株对各营养元素的平衡吸收，风沙地尤其缺乏钾元素。土壤干旱，植株吸肥力弱，表现为生理性营养缺乏。尤其是钾素缺乏，引起植株叶缘枯焦。

3. 防治方法

（1）填黏压沙：用填黏土的方法，改良风沙地，使其沙黏适度，提高保水保肥力和自身的供肥能力。

（2）施肥改土：通过施用有机肥和种植绿肥来提高土壤的有机质含量，增加土壤中腐殖酸含量，改善土壤微生物的生存环境，增加土壤微生物的群落。从而改良土壤的团粒结构，提高土壤的保肥、供肥性能。

（3）平衡供养：通过土壤化验和叶片分析，氮、磷、钾配合平衡施用，合理施用铁、锌、钙、镁、硼等中微肥。使用硅钙镁钾肥，使用量为每株树用 0.5～1 千克，与土壤拌均即可。

（4）肥水配合：风沙地漏水、漏肥、浇水、追肥次数要比壤土地及黏土地多，勤浇水，每次浇水后追施少量的速效肥，尽量不在浇水前施用，以防造成肥料流失，若随水冲施，浇水量不可过大。追施适量的含腐殖酸的生态肥效果更好，既可改良土壤，又能提高果品质量，减少病害。

（5）提倡秋季重施基肥和穴贮肥水。秋季果树落叶前开沟施用厩肥或土杂肥等有机肥，可有效地提高树体营养，增加树体贮备，改良土壤，基肥最好配合少量的速效肥。干旱地区可采用小穴浇水追肥，以节省肥水。

六、杏褐腐病

1. 症状

杏褐腐病有两种症状，一种在近成熟时危害果实，初形成暗褐色、稍凹陷的圆形斑，后迅速扩大，变软腐烂，上面生有黄褐色绒状颗粒，轮生或不规则，被害果早期脱落，腐烂，少数挂在树上形成僵果。另一种危害果实、花及叶片，果实染病，生出灰色绒状颗粒，有时引起花腐；叶片染病，形成大型暗绿色水渍状病斑，多雨时导致叶腐。

杏褐腐病形成干缩果

杏褐腐病危害近成熟的果实

2. 病因

病菌主要以菌丝体在病僵果中越冬，翌年春季形成大量分生孢子，借风雨或昆虫传播，通过伤口或自然孔口侵入，引起发病。在适宜气候条件下，病部表面出现大量分生孢子，进行再侵染。花期低温多雨，有利于分生孢子的大量形成和侵入，易引起花腐和叶腐。果实成熟期，如温暖多雨且伤口较多时，易发生大量果实腐烂。

3. 防治方法

（1）农业防治：通过平衡施肥、合理修剪、适量负载，保持树体生长健壮，提高抗病能力。

（2）减少病源：结合冬剪，彻底清除树上的僵果，春季清扫地面落叶、落果，集中烧毁。

七、杏芽癌病

主要分布河北蔚县、涿鹿县等仁用杏产区。为新发现的杏树病害，在大杏扁(仁用杏)园内呈片状发生。

1. 症状

该病危害杏树2年生以上枝条的花芽和叶芽，刺激叶芽和花芽于春季形成表面凹凸不平的半球体，半球体可逐年增长，形成瘤状。到冬季则变为黑褐色，表面粗糙，干枯而死。连续危害2～3年后，枝条光秃，直至死亡。严重影响杏仁的产量。

杏芽癌危害状

2. 病原

初步认为是细菌，野杆菌 *Agrobacterium sp.*。

3. 发病规律

在园内有发病中心，有向周围逐渐蔓延的趋势。下部枝条较上部枝条发病重，同一枝条下部芽较上部芽发病重。

4. 防治方法

(1) 严格检疫，禁止用带病苗木建园。

(2) 发现病枝后，应从基部剪除病枝，并烧掉，在伤口处涂抹1%硫酸铜液或5波美度石硫合剂。

(3) 对发病严重的树体，应刨除重病树。

(4) 培育苗木时，严禁从病株上采集接穗。

八、杏缺锰症

在各杏产区均有分布。

1. 症状

主要表现在叶片上，叶缘和叶脉间轻微缺绿，逐渐向主脉发展，缺绿严重时，叶肉部分呈黄色。

2. 病原

为生理病害，是由于树体缺乏锰(Mn)元素所致。

3. 发病规律

土壤中一般不缺锰，但当土壤为碱性时，则使锰离子成为不溶解态，易表现为树体缺锰症。当土壤

树体缺锰症状

为强酸性时，常因锰含量过多，则使杏树中毒。

一般碱性土壤如黏重、通气不良或为沙土，易发生缺锰症。春季干旱，易发生缺锰症。

4. 防治方法

(1) 增施有机肥，改良土壤结构，保持土壤的良好通气性。

(2) 改良土壤，保持土壤中性。

(3) 花前喷0.3%～0.5%硫酸锰溶液，共喷2次，间隔7天，可有效地减轻缺锰症状。

九、杏斑枯病

在各杏产区均有分布。

1. 症状

危害甜仁杏、山杏等，主要侵染叶片。一般最初在叶正面出现褐色圆形小斑，后渐扩大，有宽而明显的褐色边缘，中央灰白色或淡褐色，斑内散生或轮生许多小黑点，

为病原菌的分生孢子器。1个叶片上可生1个至数十个病斑。

杏斑枯病叶

2. 病原

真菌,半知菌亚门腔孢纲球壳孢目壳针孢 Septoria sp.。

3. 发病规律

病菌在落叶内越冬,分生孢子为翌春初侵染源,在生长季节分生孢子进行多次再侵染。下部叶片先发病,渐向上扩展。夏秋多雨、高温,利于病害蔓延。

4. 防治方法

(1) 秋后扫集杏园落叶深埋或烧毁。

(2) 7月至8月发病期喷洒1:2:200倍式波尔多液或65%代森锌500倍液。每15天喷1次,共喷2~3次。

十、李红点病

李红点病在国内李树种植区均有分布。引起李树早期落叶,影响产量甚大。

1. 病原

病原菌称李疔菌 Polystigma rubrum (Pers.) DC.,属于子囊菌亚门;无性阶段为 Polystigmina. rubra (Desm.)Sacc.,属于半知菌亚门。

李红点病危害状

李红点病危害状

2. 症状

李红点病仅为害叶片和果实。叶片染病初期,叶面产生橙黄色、稍隆起、边缘清晰的近圆形斑点。病斑逐渐扩大,颜色逐渐加深,病部叶肉也随着加厚,其上产生许多深红色小粒点,即病菌的分生孢子器。到秋末病叶转变为红黑色,正面凹陷,背面凸起,使叶片卷曲,并出现黑色小粒点,即病菌埋在子座中的子囊壳。发病严重时,叶片上密布病斑,叶色变黄,造成早期落叶。果实受害,产生橙红色圆形病斑,稍隆起,边缘不清楚,最后呈红黑色,其上散生很多深红色小粒点。果实常畸形,不能食用,易脱落。

3. 发病规律

病菌以子囊壳在病叶上越冬。第2年开花末期子囊破裂,散发出大量子囊孢子,借风、雨传播为害。此病从展叶盛期到9月都能发生,尤其在雨季发生严重。分生孢子器于7月至8月成熟,子囊壳则在10月至11月叶片枯死后才完全成熟。分生孢子在侵染中不起作用。

4. 防治方法

(1)喷药保护:在李树开花末期及叶芽开放时喷洒1:2:200倍式波尔多液。

(2)加强果园管理:由于此病菌没有再侵染,彻底清除病叶、病果,集中烧毁或深埋是行之有效的防病方法。

(3)发病前喷洒1:1:160倍式波尔多液预防。发病初期喷洒50%甲基硫菌灵可湿性粉剂700倍液或70%代森锰锌可湿性粉剂500倍液、25%苯菌灵乳油800倍液。

十一、杏黑星病

杏黑星病,别名疮痂病。是危害果实的重要病害。

1. 症状

病菌主要危害果实,其次危害枝叶,叶片被害较少些,果实感病后多在果肩部发病,病斑初期为暗绿色的圆形小点,其后逐渐扩大至直径2~3毫米的圆斑。果实着色时,病斑变为紫黑色或黑色。病斑密集时可相互聚合成片。由于危害只限于果实表皮,不深入果肉,因此当病斑下层组织木栓化,而果肉仍继续生长时,便使得病果龟裂。

杏黑星病

2. 病原

病原菌为嗜果枝孢 Cladosporium carpophilum Thum. 属半知菌亚门。

3. 发病规律

病菌以菌丝在枝梢的病部越冬,翌年4月至5月产生新的分生孢子,通过风雨传播。分生孢子萌发后形成芽管，直接穿透寄主表皮的角质层侵入。叶被侵染主要是从叶背侵入。侵入后的菌丝在寄主角质层与表皮细胞的间隙扩展，定殖。幼果期因果面茸毛稠密病菌不易侵入，一般花瓣脱落6周后的果实，才能被侵染。该病的潜育期较长，在果实上为40～70天，在枝梢和叶上为25～45天。由于潜育期长，发病较迟，果实发病后已接近采收，有的早熟品种在采收时还未充分表现症状，所以当年受侵染的病部（果、枝及叶）产生的分生孢子，进行再侵染就不重要，尤其在果实上再侵染更少，新梢上可产生再侵染。枝上的病斑是病菌的主要越冬场所和第2年春季初次侵染的主要来源。4年生的病枝不再形成分生孢子。该病在田间的发生情况，一般是在4月至5月产生新的分生孢子，果实上发病最早的时间是5月中旬，6月上旬为病害的盛发期。新梢上发病的盛期略迟于果实。

病害的发生与气候、地势、栽培管理及品种等都有关系。其中最重要的是气候条件和品种。春季温度达10℃以上时，枝梢上的病斑开始形成分生孢子，20～28℃是最适温度，多雨和潮湿气候有利于孢子的传播和萌发，因此，凡是春季及初夏雨水多，湿度高的年份或地区，病害发生较重。同样，地势低湿，荫蔽（如阴坡地）或定植过密，枝叶茂盛的果园，也有利于病害发生。品种中，晚熟品种较早熟品种感病。

4. 防治方法

该病的防治以化学保护为主，辅以适当的管理。

（1）加强管理：地势低洼地，应注意开沟，排除积水。结合修剪，清除和烧毁病梢，减少病害来源。适当整枝修剪，促使树冠通风透光良好，减轻发病。

（2）喷药保护：开花前喷射3～5波美度石硫合剂，铲除或减少枝梢上的越冬菌源。落花2～4周到6月初，每间隔半月喷洒0.2～0.4波美度石流合剂，或65%代森锌500倍液。果实生长期用50%多菌灵700倍液，防治3次，在果实采收后，为了减少新梢被害，可继续喷洒2～3次药剂。用托布津及代森锌均可降低新梢的发病率及病情指数。

（3）选用抗病品种：在病害流行地区，建园时应考虑选用抗病品种。

十二、杏细菌性穿孔病

1. 症状

主要危害杏、桃、李、樱桃等核果类果树的叶片，以及果实和枝梢。果实被害时果面出现圆形、暗紫色、中央稍凹陷的斑，边缘水渍状。天气潮湿时，病斑上出现黄白色黏质物，干燥时常发生小裂纹。

2. 发病规律

该病一般于5月开始出现，7月至8月发病严重。温度适宜，雨水频繁或多雾、重雾季节发病较重。大暴雨不利病菌的繁殖和侵染。一般春秋雨季病情扩展较快，夏季干旱季节扩展缓慢。树势强，病菌的潜育期长，发病较轻且晚。杏园地势低洼、排水不良、通风透光差、偏施氮肥等，发病较重。

3. 防治方法

（1）加强水肥管理，增施有机肥，避免偏施氮肥，合理修剪，注意果园通风透光。

（2）秋后结合冬剪，剪除病枝，清除落叶，集中烧毁。

（3）药剂防治：发芽前喷洒5波美度石硫合剂或晶体石硫合剂30倍液，1∶1∶100倍式波尔多液、30%绿得保胶悬剂400～500倍液。发芽后喷72%农用链霉素可溶性粉剂3 000倍液或硫酸链霉素4 000倍液。亦可喷洒机油乳剂10份、代森锰锌1份、水500份的混合液，可防该病，兼治蚜虫、介壳虫、叶蜗等。还可选用硫酸锌石灰液（硫酸锌1份、消石灰4份、水240份），每15天喷1次，连喷2～3次。

十三、桃炭疽病

桃炭疽病主要侵染幼果，以幼果阶段受害最重，也能为害新梢、叶片。

1. 症状

硬核前幼果染病，果面暗褐色，发育停滞，逐渐萎缩硬化，形成僵果残留于枝上。果实膨大期染病，果面初期呈淡褐色水渍状病斑，后渐扩大，变为红褐色，圆形或椭圆形稍凹陷，有明显的同心环纹状皱纹；湿度大时，病部产生橘红色黏质小粒点，即病菌分生孢子盘和分生孢子。幼果感病后形成僵果；果近成熟时发病，病斑常连成不规则大斑，后期产生的橘红色黏质小粒点几乎覆盖整个果面，多数病果软腐脱落，有的形成僵果残留枝上。

新梢染病，出现灰褐色略凹陷长椭圆形的病斑，潮湿时亦长出橘红色小粒点；多向一侧弯曲，叶片下垂纵卷成筒状。严重时，病枝常枯死。

叶片染病，出现淡褐色、圆形或不规则形病斑。后期，病斑中部灰褐色，其上出现橘红色至黑色粒点。最后，病斑干枯脱落形成穿孔。

2. 病原

真菌半知菌亚门腔孢纲黑盘长孢目盘长孢状刺盘孢 *Colletotrichum gloeosporioides* Penz.，有性世代为子囊菌亚门核菌纲球壳菌目桃 *Glomerella persicae* Hara.。

桃炭疽病侵染果实

桃炭疽病侵染叶片

3. 发病规律

病菌以菌丝体在病枝组织及僵果内越冬,第2年春桃树开花时,产生分生孢子,借风雨或昆虫传播,侵入新梢和幼果,引起初次侵染。之后,病部产生分生孢子,在整个生长期不断进行再侵染。高湿是该病发生的先决条件。桃树开花至幼果期低温多雨,利于发病,果实成熟期高湿、温暖发病重。一般,4月至6月降雨量高于300毫米,常严重发病。管理粗放、栽植过密、土壤黏重、排水不良的桃园发病亦重。桃品种间抗病性有差异:早熟、中熟品种发病较重,晚熟品种发病较轻。早生水蜜、锡蜜、小林、太仓等为易感病品种;白凤、橘早生次之;大久保、白桃、玉露、白花等抗病性较强。

此病喜欢温暖高湿,连阴雨或暴雨后病害往往有一次暴发,地势低洼,排水不良,修剪粗糙,留枝过密过长的田块为防治重点,在江淮流域桃区发生比较严重。

4. 防治方法

(1)发病严重地区,因地制宜选栽抗病品种。

(2)注意桃园排水,降低湿度,增施磷、钾肥。

(3)结合冬剪,彻底清除树上、树下病梢、枯死枝,僵果及地面落果,集中烧毁或深埋。

(4)药剂防治:早春桃芽萌动前喷1次45%晶体石硫合剂30倍液或5波美度石硫合剂加0.3%五氯酚钠。落花后,喷50%苯菌灵可湿性粉剂1 500倍液或80%炭疽福美可湿性粉剂800倍液、75%百菌清可湿性粉剂800倍液、70%代森锰锌可湿性粉剂500倍液、70%甲基硫菌灵可湿性粉剂1 000倍液,隔10天喷1次,连续用药2~3次。

十四、桃黑霉病

桃黑根霉软腐病又名黑霉病、软腐病,常发生在贮运期。

1. 症状

果实后期发病较重,病果呈淡褐色软腐状,表面长有浓密的白色细绒毛,即病原菌的菌丝层,几天后在绒毛丛中生出黑色小点,即病原菌的孢子囊。

桃黑霉病

桃白粉病

2. 病原

真菌,结合菌亚门结合菌纲毛霉目黑根霉菌 Rhizopu snigricans Ehrenberg。

3. 发病规律

病菌通过伤口侵入成熟果实,温度较高且湿度大时发展很快,4~5天后,病果即可全部腐烂。病菌的孢囊孢子经气流传播,健果与病果接触也可传染。

4. 防治方法

（1）桃果成熟后及时采收。

（2）在采、运、贮过程中,轻拿轻放,防止机械损伤。

（3）注意在低温下进行贮藏和运输。

十五、桃白粉病

桃白粉病,寄主有桃以及杏、李、樱桃、梅、樱花等,主要危害叶片、新梢,有时危害果实。夏季可以多少引起早期落叶,果实发病引起褐色斑点。

1. 症状

叶片染病,背面呈现白色、边缘不清晰的近圆形菌丝丛,表面有黄绿色;严重时,菌丝丛覆盖全部叶面。幼叶被害,叶面不平,呈波状。秋天,菌丝中呈现黑色小球状物,为病原菌的闭囊壳。新梢被害在老化前也出现白色菌丝。

果实被害,5月至6月即出现白色圆形、有时不规则形的菌丝丛,呈粉状,接着表皮附近组织枯死,形成浅褐色病斑,后病斑稍凹陷,硬化。

2. 病原

真菌子囊菌亚门核菌纲白粉菌目三指叉丝单囊壳菌 Podosphera tridactyla (Wallr.) de Bary,桃单壳菌 Sphaerotheca pannosa (wllr.)

Leveille var. persicae Worornichi.。

3. 发病规律

病菌于10月以后形成黑色闭囊壳，以此越冬，翌春放出子囊孢子进行初侵染，形成分生孢子后进一步扩散蔓延。分生孢子萌发温度为4~35℃，适温为21~27℃，在直射阳光下经3~4小时，或在散射光下经24小时，即丧失萌发力，但抗霜冻能力较强，遇晚霜仍可萌发。

4. 防治方法

（1）发病期喷洒0.3波美度石硫合剂或25%粉锈宁3 000倍液、70%甲基硫菌灵可湿性粉剂1 500倍液1~2次。

（2）秋后清理果园，扫除落叶，集中烧毁。

十六、桃细菌性穿孔病

桃细菌性穿孔病，危害桃以及李、杏、樱桃、梅等多种核果类果树的叶，也危害果实和枝。

1. 症状

叶片上初生水渍状小点，后渐扩大为圆形或不规则形、紫褐色至黑褐色斑点，直径约2毫米，周围有水渍状黄绿色晕环，边缘有裂纹，最后脱落穿孔。孔的边缘不整齐。

枝上病斑有两种：一种为春季溃疡斑，发生在前一年夏季已被侵染发病的枝条上。病斑呈暗褐色小疱疹状，直径约2毫米，后扩展可达1~10厘米，宽度多不超过枝条直径的一半；另一种为夏季溃疡斑，夏末在当年嫩枝上发生，圆形水渍状，暗褐色，稍凹陷，边缘水渍状，潮湿时其上溢出黄白色黏液。

桃细菌性穿孔病

桃细菌性穿孔病危害果实

2. 病原

细菌，黄单胞杆菌属甘蓝黑腐黄单胞菌桃穿孔致病型 Xantho-monas campestris pv. pruni (Smith)Dye，异名 Xanthomonas pruni (Smith)ddowson.。

3. 发病规律

病原细菌在枝条皮层组织内越

冬，第2年春开始活动。桃树开花前后，病菌从病组织中溢出，借风雨或昆虫传播，经叶片的气孔、枝条的芽痕和果实的皮孔侵入，潜育期7~14天。枝条溃疡斑内的细菌可存活1年以上。春季溃疡斑是该病的主要初侵染源。夏季气温高，湿度小，溃疡斑易干燥，外围的健康组织容易愈合，所以溃疡斑中的病菌在干燥条件下经10~13天即死亡。气温19~28℃，相对湿度70%~90%利于发病，该病一般于5月出现，7月至8月发病严重。该病的发生与气候、树势、管理水平及品种有关。温度适宜，雨水频繁或多雾、重雾季节发病重。大暴雨时细菌易被冲到地面，不利其繁殖和侵染。一般，春秋雨季病情扩展较快，夏季干旱月份扩展缓慢。树势强比树势弱发病较轻且晚，树势强病害潜育期可达40天。果园地势低洼、排水不良、通风透光差、偏施氮肥等发病较重。早熟品种比晚熟的发病轻。

4. 防治方法

（1）加强桃园水肥管理：增施有机肥，避免偏施氮肥，合理修剪，使桃园通风透光。

（2）桃树应单独建园，不与核果类果树混栽。桃园应建在距离核果类果园较远的地方。

（3）结合冬剪，剪除病枝，清除落叶，集中烧毁。

（4）喷药保护：发芽前喷5波美度石硫合剂或45%晶体石硫合剂30倍液、1∶1∶100倍式波尔多液、30%绿得保胶悬剂400~500倍液。发芽后喷72%农用链霉素可溶性粉剂3 000倍液等。

十七、桃褐斑穿孔病

桃褐斑穿孔病，是桃树常见的病害，各桃栽培区有分布。

1. 症状

桃树叶片、新梢和果实。在叶片两面发生圆形或近圆形病斑，边缘紫色或红褐色略带环纹，大小1~4毫米；后期病斑上长出灰褐色霉状物，中部干枯脱落，形成穿孔，穿孔的边缘整齐。穿孔多时，叶片脱落。新梢、果实染病，症状与叶片相似，均产生灰褐色霉状物。

桃褐斑穿孔病

2. 病原

真菌，半知菌亚门丝孢纲丝孢目核果尾孢霉 *Cecospora circumscissa Sacc.*。

3. 发病规律

病菌以菌丝体在病叶或枝梢病

组织内越冬，翌春气温回升，降雨后产生分生孢子，借风雨传播，侵染叶片、新梢和果实。随后在病部产生的分生孢子进行再侵染。病菌发育温度7～37℃，适温25～28℃。低温多雨利于病害发生和流行。

4. 防治方法

（1）加强桃园管理。注意排水，增施有机肥，合理修剪，增强通透性。

（2）药剂防治。落花后，喷洒70%代森锰锌可湿性粉剂500倍液、70%甲基硫菌灵超微可湿性粉剂1 000倍液、75%百菌清可湿性粉剂800倍液、50%混杀硫悬浮剂500倍液，7～10天喷1次，共喷3～4次。

十八、桃缩叶病

桃缩叶病又名肿叶病，在春季多雨低温的情况下最容易感病，以危害叶片为主，发病严重的也危害花嫩梢叶及幼果，不少桃园因忽视桃缩叶病的防治，导致4月至5月大量落叶落果。

1. 症状

嫩叶刚伸出时就呈现卷曲状，颜色发红。叶片逐渐开展，卷曲及皱缩的程度随之增加，致全叶呈波纹状凹凸，严重时叶片完全变形。病叶较肥大，叶片厚薄不均，质地松脆，呈淡黄色至红褐色；后期在病叶表面长出一层灰白色粉状物，即病菌的子囊层。病叶最后干枯脱落。在新梢下部先长出的叶片受害较严重，花和幼果受害后多数脱落，不易觉察。未脱落的病果，发育不均，有块状隆起斑，黄色至红褐色，果面常龟裂。这种畸形果实易脱落。

桃缩叶病侵染幼果

桃缩叶病，病组织增厚成瘤状

桃缩叶病

2. 病原

为畸形外囊菌[*Taphrina deformans* (Berk.) Tul]，病菌芽殖最适温度为20℃，最低在10℃以下，最高为26~30℃。侵染最适温度为10~16℃，芽孢子能抗干燥，厚膜芽孢子耐寒力更强，在果园内可存活1年以上。

3. 发病规律

病菌以子囊孢子或芽孢子在桃芽鳞片外表或芽鳞间隙中越冬。到第2年春天，当桃芽展开时，孢子萌发侵害嫩叶或新梢。子囊孢子能直接产生侵染丝侵入寄主，芽孢子还有接合作用，接合后再产生侵染丝侵入寄主。病菌侵入后能刺激叶片中细胞大量分裂，同时细胞壁加厚，造成病叶膨大和皱缩。以后在病叶角质层及上表皮细胞间形成产囊细胞，发育成子囊，再产生子囊孢子及芽孢子。子囊孢子及芽孢子，不做再次侵染，就在芽鳞外表或芽鳞间隙中越夏越冬。所以，桃缩叶病1年只有1次侵染。

春季桃树萌芽期气温低，缩叶病常严重发生。一般气温在10~16℃时，桃树最易发病，温度在21℃以上，发病较少。主要由于气温低，桃幼叶生长慢，寄主组织不易成熟，有利病菌侵入。反之，气温高，桃叶生长较快，就减少感病的机会。湿度高的地区，有利于病害的发生，早春(桃树萌芽展叶期)低温多雨的年份或地区，缩叶病发生严重；如早春温暖干燥，则发病轻。品种以早熟桃发病较重，晚熟桃发病轻。

4. 防治方法

在早春桃发芽前喷药防治，可达到良好的效果。

（1）新建桃园时，提倡栽培既高产优质又抗病的品种，如安农水蜜、雨花露、曙光甜油桃等。对于进入结果期的桃园，要做好土、肥、水管理和细致的整型修剪工作，改善通风透光条件，促进树势，增强树体的抗病性。

（2）休眠季喷洒3~5波美度石硫合剂，铲除越冬病原物（厚壁芽孢子）。

（3）春季桃芽开始膨大是，是防治桃缩叶病的关键时期，此时可喷洒0.3~0.5波美度石硫合剂，或70%甲基托布津可湿性粉剂1 000倍液。

（4）在桃树生长季节的3月至6月，即展叶后至高温干旱天气到来之前，选用甲基托布津或多菌灵，或再与70%代森锰锌可湿性粉剂500倍液、井冈霉素水剂500倍液交替使用。特别在雨后最好喷药防治。喷药后，如有少数病叶出现，应及时摘除，集中烧毁，以减少第2年的菌源。少数枝叶发病集中时，可用手摘除后烧毁,然后再喷药防治。

(5)发病重、落叶多的桃园,要增施肥料,加强栽培管理,以促使树势恢复。

十九、桃褐腐病

桃褐腐病又名果腐病,菌核病,在中国南北方都有分布,是桃树重要病害之一。

1. 症状

该病危害桃树的花、叶、枝梢及果实,以果实受害最重。

花受害后,常自雄蕊及花瓣尖端开始,先发生褐色水渍状斑点,后渐延至全花,以至变褐萎蔫,多雨潮湿时呈软腐状,表面丛生灰霉,枯死后常残留于枝上,经久不落。

嫩叶受害后,自叶缘开始变褐,很快扩至全叶,致使叶片枯萎,残留于枝上。

嫩枝受害后,形成长圆形溃疡斑,边缘紫褐色,中央稍凹陷、灰褐色,常流胶。天气潮湿时,病斑上长出灰色霉层。当病斑绕树1周时,可引起上部枝梢枯死。

果实自幼果至成熟期都可受害,以近成熟期受害最重。最初在果面产生褐色圆形病斑,如环境适宜,数日内病斑扩至全果,果肉变褐软腐,继而病斑表面产生灰褐色绒状霉丛,即病菌的分生孢子梗和分生孢子。孢子丛常呈同心轮纹状排列。病果腐烂后易脱落,但不少失水后形成僵果而挂于树上,经久不落。僵果是一个假菌核,是病菌越冬的重要场所。该病还危害杏、李、樱桃等核果类果树。

桃褐腐病危害成熟果实

桃褐腐病危害幼果状

2. 病原

真菌:子囊菌亚门盘囊菌纲柔膜菌目Monilinia laxa(Aderh.et Ruhl.) Honey,其无性世代为半知菌亚门灰丛梗孢菌 Monilia fructicolla (Wint.)RRehm,. 主要为害花器,子囊菌亚门的链核盘菌 Monilinia fructcola(Wint.,)Rehm.,其无性世

代为丛梗孢菌 monilia sp.，主要危害果实。

3. 发病规律

病菌主要以菌丝体在树上及落地的僵果内或枝梢的溃疡斑部越冬，第2年春产生大量分生孢子，借风雨、昆虫传播，通过病虫伤、机械伤或自然孔口侵入。在适宜条件下，病部表面产生大量分生孢子，引起再次侵染。在贮藏期内，病健果接触，可传染危害。

花期低温、潮湿多雨的情况易引起花腐。果实成熟期温暖多雨雾的情况也易引起果腐。病虫伤、冰雹伤、机械伤、裂果等表面伤口多，会加重该病的发生。树势衰弱，管理不善，枝叶过密，地势低洼的果园发病常较重。果实贮运中如遇高温、高湿的环境，利于病害发展。一般凡成熟后果实肉嫩、汁多味甜、皮薄的品种较果实成熟后组织坚硬的表皮角质层厚、品种易感病。

4. 防治方法

（1）结合修剪彻底清除僵果、病枝等越冬菌源，集中烧毁，同时深翻园地，将带病残体埋于地下。

（2）及时防治桃蛀螟、象甲、食心虫、蜡象等害虫。5月上中旬套袋保护果实。

（3）药剂防治：花前花后各喷1次速克灵可湿性粉剂2 000倍液或50%苯菌灵可湿性粉剂1 500倍液；或于发芽前喷5波美度石硫合剂或45%晶体石硫合剂30倍液；落花后10天左右喷65%代森锌可湿性粉剂500倍液或70%甲基硫菌灵800~1 000倍液；花腐发生多的地区应在初花期(开花20%左右)加喷1次代森锌或甲基硫菌灵。发病初期和采收前3周喷50%多霉灵(乙霉威)可湿性粉剂1 500倍液或50%苯菌灵可湿性粉剂1 500倍液、70%甲基硫菌灵1 000倍液、50%扑海因可湿性粉剂1 500倍液。发病严重的桃园可每15天喷1次药，采收前3周停喷。

二十、桃黑星病

桃黑星病又名疮痂病、黑点病、黑痣病，多雨潮湿年份或地区，病害发生较重。

1. 症状

危害桃以及梅、杏、李、扁桃、樱桃等核果类果树的果实，同时危害叶片和新梢。果实受害后，表面初生褐色圆形小斑，严重时，数个病斑愈合成片，后期变为紫黑色或黑色。病斑只限于表层，不深入果肉即可致使果皮组织枯死龟裂。枝梢受害后，病斑呈椭圆形浅褐色，后期黑褐色微突起，也只限于表层。叶片受害后，初期在叶背出现不规则暗绿色斑，以后正面相对应的病斑亦为暗绿色，最后呈紫红色干枯穿孔。

桃黑星病

2. 病原

真菌半知菌亚门丝孢纲丝孢目嗜果枝孢菌 Cladosporium carpophilum(Thum.) Oud.,有性世代为子囊菌亚门 Venturia capophilum Fisner.

3. 发病规律

病菌以菌丝体在枝梢病部或芽的鳞片中越冬,第2年4月至5月降雨后开始形成分生孢子,借风雨或雾滴传播,进行初侵染。孢子萌发适温为20~27℃。病菌潜育期,果实上40~70天,枝梢、叶片上25~45天,因此再侵染意义不大。一般,早熟品种还未显症,即已采收。晚熟品种发病稍重,5月至6月为病害盛发期,但幼果期发病较轻。

该病的发生与气候、果园地势及品种有关。在春季至果实近成熟期,降雨量大,是导致该病害大发生的重要条件。如果在初夏至果实成熟期内果园多雨潮湿,则易造成该病的暴发。在地势低洼地段建园,或栽植过密,枝叶茂盛而较郁闭的果园,通风透光不良、园内湿度大时,发病较重;在不同的栽培品种中,一般晚熟品种较感病。黄肉桃、上海水蜜桃较易感病,而天津水蜜桃、肥城桃却较抗病。油桃发病较重。

4. 防治方法

(1)因地制宜选栽抗病或早熟品种。

(2)秋末冬初结合修剪,认真剪除病枝、枯枝,清除僵果、残桩,集中烧毁或深埋。

(3)桃园内注意雨后排水,及时夏剪,使桃园通风透光。

(4)坐果后套袋,落花后3~4周后进行套袋。

(5)药剂防治:开花前喷5波美度石硫合剂加0.3%五氯酚钠或45%晶体石硫合剂30倍液,铲除枝梢上的越冬菌源。落花后半月,喷洒70%代森锰锌可湿性粉剂500倍液或70%胶硫锰锌可湿性粉剂600~800倍液、80%炭疽福美可湿性粉剂800倍液、50%混合硫悬浮剂500倍液、50%苯菌灵可湿性粉剂1 500倍液、70%甲基硫菌灵可湿性粉剂1 000倍液。以上药剂与硫酸锌石灰液交替使用,效果更好。每10~15天用药1次,共3~4次。也可以选用10%世高水分散粒剂3 000倍液,30%爱苗乳油5 000倍液、霉能灵、杜邦福星等高效药剂。

二十一、桃早期落叶病

1. 症状

此病危害桃树幼嫩部分,主要危害叶片,常年发生,以枯斑病害为主,叶片上病斑初为圆形,淡黄绿色,逐渐扩大成近圆形或不规则形,直径大约2～6厘米,病斑后期为褐色且穿孔,嫩梢被害呈银灰色或黄色,节间缩短且粗肿,严重时枝梢枯死,幼果染病变褐色,生龟裂,易早期落果。

桃早期落叶病

2. 发病规律

病菌一般在病叶、枝条组织或芽内越冬,第2年随气温升高、桃树组织内水分增加病菌开始活动,叶片一般在5月至7月发病,温度在25～30℃时发病率较高。温暖、雨水频繁或多雾的情况下此病易发生,病菌借风雨传播侵染叶片、新梢和果实。

3. 防治方法

(1) 加强桃园综合管理,增强树势,提高树体抗病能力;防治土壤黏重;及时改良土壤和排水。

(2) 发芽前喷120倍等量式硫酸锌石灰液(1千克硫酸锌加2千克生石灰加240千克水),也可用甲基托布津、多菌灵500～600倍液,65%的代森锌50倍液等多种杀菌剂防治。

二十二、桃树侵染性流胶病

1. 症状

主要为害枝、干,也可侵害果实。新枝染病,以皮孔为中心树皮隆起,出现直径1～4毫米的疣,其上散生针头状小黑点,即病菌分生孢子器。在大枝及树干上,树皮表面龟裂,粗糙。随着枝条的生长,其上的疣逐渐增大形成瘤,病瘤表皮开裂后,陆续溢出树脂,树脂呈透明、柔软状,树脂与空气接触后,由黄白色变成褐色、红褐色至茶褐色硬胶块。病部易被腐生菌侵染,使皮层和木质部变褐腐朽,树势衰弱,叶片变黄,严重时全株枯死。果实发病,由果核内分泌黄色胶质,溢出果面,病部硬化,有时龟裂,严重影响桃果品质和产量。

2. 病原

真菌,子囊菌亚门腔菌纲格孢

桃树流胶病症状

桃树流胶病症状

腔菌目茶藨子葡萄座腔菌 *Botryosphaeria ribis* Tode Gross. et Dugg. 无性阶段为半知菌亚门 *Dothiorella gregaria* Sacc.

3. 发病规律

以菌丝体和分生孢子器在被害枝干部越冬，第2年3月下旬至4月中旬产生分生孢子，通过风、雨传播，雨天从病部溢出大量病菌，顺着枝条流下或溅附在新梢上，从皮孔、伤口侵入，成为新梢初次感病的主要菌源。病菌从皮孔、伤口侵入。1年中有两个发病高峰，分别在5、6月间和8、9月间，入冬以后流胶停止。

枝干内潜伏病菌的活动与温度有关。当气温15℃左右时，病部即可渗出胶液，随气温上升，树体流胶点增多。一般直立生长的枝干基部以上部位受害严重，侧生枝干向地表的一面重于向上的部位，枝干分杈处受害亦重；土质瘠薄，肥水不足，负载量大，均可诱发该病。黄桃系统较白桃系统易感病。

4. 防治方法

(1) 冬季修剪清园：冬季需剪除病枯枝干，集中烧毁，喷施29%石硫合剂150倍液进行树体消毒，减少菌源；树干涂白（涂刷石灰水），用20%~25%石灰乳涂刷杀菌消毒，预防冻害和日灼树干。

(2) 低洼积水地注意开沟排渍；增施有机肥及磷、钾肥，控制树体负载量。

(3) 刮疤涂药：桃树发芽前后刮除病斑，然后涂抹杀菌剂，在萌芽前或春季用抗菌剂402的100倍液涂抹病斑，用1:1:100波尔多液或50%退菌特可湿性粉剂800倍液、50%多菌灵500倍液喷施或涂抹病株，杀灭病菌，减少侵染源。

(4) 药物防治：①早春树芽萌动前喷5波美度石硫合剂或50%退菌特可湿性粉剂800倍液，杀死越冬后的病菌，每10天喷1次，连喷3次。②在3月下旬至4月上旬发病初期喷72%农用硫酸链霉素4 000～5 000倍液，隔7天喷1次，连喷2～3次，也可用50%退菌特可湿性粉剂800倍液或50%多菌灵800～1 000倍液、50%甲基托布津800～1 000倍液，每10天喷1次，连喷3～4次。③在桃花生长旺盛期（5～6月间），采用70%代森锰锌可湿性粉剂500倍液或80%炭疽福美可湿性粉剂800倍液喷雾，每7～10天喷1次，连喷3～4次，上述农药最好交替使用。

二十三、桃非侵染性流胶病

流胶病是核果类果树普遍发生的枝干病害。发病成因包括非侵染性和侵染性两种。非侵染性流胶病在各桃产区均有发生，是一种常见的生理病害；侵染性为真菌侵染所致。此病轻者树势衰弱，重者枝干枯死。

1. 病因

主要是由于霜害、冻害、病虫害、雹害、水分过多或不足、施肥不当、修剪过重、结果过多、土质黏重或土壤酸度过高等原因引起。树龄大的桃树发病重，幼龄树发病轻。

2. 防治方法

（1）应加强栽培管理，增加树势，注意果园排水，增施有机肥料，

虫害造成流胶症状

改良土壤，合理修剪，减少树干伤口。

（2）及时防治蛀食枝干的害虫，预防虫伤。3月下旬至4月上旬桃蚜、桃瘤蚜大量孵化时，应喷施50%辛硫磷乳剂2 000倍倍液，或80%敌敌畏乳油1 000倍液，喷1～2次；在桃蚜、桃瘤蚜孵化后，及时喷施50%抗蚜威2 000倍液、10%吡虫啉可湿性粉剂2 000～4 000倍液、20%杀灭菊酯3 000倍液防治。

（3）冬春枝干涂白，防冻害和日灼。早春将病部刮除，伤口可涂5波美度石硫合剂，然后涂白铅油或煤焦油保护。

二十四、李红点病

1. 症状

李红点病仅为害叶片和果实。叶片染病初期，叶面产生橙黄色、稍隆起、边缘清晰的近圆形斑点。病斑逐渐扩大，颜色逐渐加深，病部

叶肉也随着加厚,其上产生许多深红色小粒点,即病菌的分生孢子器。到秋末病叶转变为红黑色,正面凹陷,背面凸起,使叶片卷曲,并出现黑色小粒点,即病菌埋在子座中的子囊壳。发病严重时,叶片上密布病斑,叶色变黄,造成早期落叶。

果实受害,产生橙红色圆形病斑,稍隆起,边缘不清楚,最后呈红黑色,其上散生很多深红色小粒点。果实常畸形,无法食用,易脱落。

李红点病症状

2. 病原

病原菌称李疔菌 Polystigma rubrum (Pers.) DC.,属于子囊菌亚门;无性阶段为 Polystigmina. Rubra (Desm.) Sacc.,属于半知菌亚门。

3. 发病规律

病菌以子囊壳在病叶上越冬。第2年开花末期子囊破裂,散发出大量子囊孢子,借风、雨传播为害。此病从展叶盛期到9月都能发生,尤其在雨季发生严重。分生孢子器于7月至8月成熟,子囊壳则在10月至11月叶片枯死后才完全成熟。分生孢子在侵染中不起作用。

4. 防治方法

(1)喷药保护:在李树开花末期及叶芽开放时喷洒1∶2∶200倍式波尔多液。

(2)加强果园管理:由于此病没有再侵染,彻底清除病叶、病果,集中烧毁或深埋是有效的防病方法。

二十五、李褐腐病

1. 症状

又称李实腐病。病部长出的霉丛为病菌的分生孢子梗和分生孢子。为害果树的花和果实,贮运期间的果实也可受害。

李褐腐病

2. 病原

李褐腐病是由子囊菌亚门链核盘菌属的核果褐腐病菌 Monilinia fructicola(Wint.) Rehm. 侵染所致。

3. 发病规律

李褐腐病菌主要以菌丝体在僵

果或枝梢的溃疡部越冬。悬挂在树上或落在地面的僵果，在第2年春季都能产生大量的分生孢子。分生孢子借风雨、昆虫传播，引起初次侵染。经虫伤、机械伤口、皮孔侵入果实，也可直接从柱头、蜜腺侵入花器造成花腐，再蔓延到新梢。在适宜的环境条件下，病果表面长出大量的分生孢子引起再侵染。

病菌分生孢子除借风雨传播外，桃小食心虫、桃蛀螟和象鼻虫等昆虫也是病害的重要传播媒介。在贮运过程中病果与健果接触，病菌也可传染至健果。

李树开花期间低温多雨容易引起花腐。果实近成熟期温暖多雨则易引起果腐。树势衰弱、地势低洼或树叶过于茂密、通风透光较差的果园发病较重。

4. 防治方法

（1）农业防治：合理修剪，适时夏剪，改善园内通风透光条件。雨季及时排除园内积水，以降低果园湿度。

（2）人工防治：结合冬剪对树上僵果做彻底清除，春季清扫地面落叶、落果，生长季节随时清理树上、树下的僵果，以消灭菌源。

（3）药剂防治：李树发芽前(芽萌动期)，全树均匀喷洒4～5波美度石硫合剂，或1∶1∶100波尔多液、40%福美胂可湿性粉剂100倍液，铲除在枝条上越冬的菌源。从落花后开始，每隔10～14天喷洒1次50%多菌灵可湿性粉剂600倍液或70%甲基托布津可湿性粉剂600～800倍液、65%代森锌可湿性粉剂500倍液、70%代森锰锌可湿性粉剂700倍液、75%百菌清可湿性粉剂500～600倍液、50%异菌脲可湿性粉剂1 500倍液。

二十六、李炭疽病

1. 症状

叶片病斑多始自叶尖或叶缘，半圆形或不定形，淡褐色，有时斑外围呈现水渍状晕环。

新梢受害，初呈椭圆形或梭形小斑，褐色，稍下陷。若病斑扩大并绕茎1周，每致患部上下段枝梢枯死，叶片萎垂。

果实近成熟期较易受害，果面现褐色近圆形病斑，稍下陷，扩大后易造成果腐。潮湿时上述各患部

李炭疽病果

李炭疽病果

表面均可现朱红色液点(病菌分生孢盘及分生孢子)。

2. 病原

李炭疽病是由小丛壳属 *Glomerella sp.* 病菌侵染所致；无性阶段为半知菌亚门的炭疽病盘长孢菌 *Gloeosporium sp.*。

3. 发病规律

病菌主要以菌丝体在病梢组织内越冬，也可在树上僵果中越冬，第2年早春产生分生孢子。分生孢子随风雨、昆虫传播，侵害新梢、幼果和叶片，引起初次侵染。以后在新生的病斑上产生分生孢子，引起再侵染。在管理粗放、留枝过密、地势低洼、高湿、排水不良、树势衰弱的果园发病较严重。

4. 防治方法

（1）农业防治：加强果园管理，增施磷、钾肥，提高李树的抗病力。

（2）人工防治：结合冬季修剪彻底清除树上的枯枝、僵果和地面落果，集中烧毁，以消灭越冬病菌，减少侵染来源。在李芽萌动至开花前后要反复剪除陆续出现的病枯枝，并及时剪除以后出现的卷叶病梢及病果，集中烧毁，防止病部产生孢子再次侵染。

（3）药剂防治：芽萌动期全树均匀喷布1∶1∶100倍式波尔多液或3～5波美度石硫合剂、40%福美胂可湿性粉剂100倍液。谢花后从小李脱萼开始，每隔10～14天喷1次杀菌剂。药剂可选用70%甲基托布津可湿性粉剂70倍液或50%多菌灵可湿性粉剂600倍液、50%敌菌丹可湿性粉剂400～500倍液、75%百菌清可湿性粉剂500倍液、50%咪鲜安乳油500倍液。

二十七、李细菌性穿孔病

1. 症状

为害叶片、新梢及果实。叶片受害后，开始时产生半透明油浸状小斑点，后逐渐扩大，呈圆形或不整圆形，紫褐色或褐色，周围有淡黄色晕环。天气潮湿时，在病斑的背面常溢出黄白色胶黏的菌脓，后期病斑干枯，在病、健部交界处，发生一圈裂纹，仅有一小部分与叶片相连，因此，很易脱落形成穿孔。有时叶片边缘多数病斑互相愈合，使叶缘表现焦枯状。病叶变黄，容易早期脱落。

枝梢受害后，产生两种不同类

型的病斑：一种称春季溃疡；另一种称夏季溃疡。春季溃疡在去年夏末秋初病菌就已感染，病斑油浸状，微带褐色，稍隆起；由于病斑很小，当时不显著。但到第2年春季逐渐扩展成为较大的褐色病斑，中央凹陷，病组织内有大量细菌繁殖。春末病部表皮破裂，溢出黄色的菌脓，为病害初次侵染的主要来源。夏季溃疡是在夏季发生于当年抽生的嫩梢上，开始时环绕皮孔形成油浸状、暗紫色斑点，以后斑点扩大，成圆形或椭圆形，褐色或紫黑色，周缘隆起，中央稍下陷，并有油浸状的边缘。夏季溃疡的病斑不易扩展，并且会很快干枯，故传病作用不大。

果实被害后，产生暗紫色圆斑，边缘有油浸状晕环。病斑表面和它的周围常发生小裂缝，严重时发生不规则的大裂缝。

2. 病原

病原为两种细菌，即由黄单胞杆菌 Xanthomonas pruni (Smith) Dowson 和假单胞杆菌 Pseudomonas syringae pv. syringae van Hall. 侵染所致。病原细菌呈短杆状，两端圆，大小 0.4～1.7 微米 × 0.2～0.8 微米，单生或连成短链。一端生鞭毛 1～6 根，有荚膜，无芽孢。革兰氏染色阴性反应，好气性，在牛肉汁琼脂培养基上形成黄色、圆形菌落，

李细菌性穿孔病

李细菌性穿孔病
1. 病叶极其放大　2. 病枝　3. 病原细菌

能使兽胶渐渐液化，并使牛乳浑浊胨化。病菌发育最适温度为 25℃，最高 38℃，最低 7℃，致死温度为 51～52℃ 10 分钟。病菌暴露在阳光下经 30～45 分钟即失去生活力，在干燥条件下可存活 10～13 天，在枝

梢溃疡组织内可存活1年以上。落于地面病组织内的病菌，约经6个月后死亡。

3. 发病规律

病菌在枝条的病组织内(主要在引起溃疡的病斑内)越冬。随着春季气温的升高，潜伏在病组织内的细菌开始活动。果树开花前后，病斑表皮破裂，病菌从病组织中溢出。菌体通过风雨或昆虫传播，由叶片的气孔、枝条或果实的皮孔侵入内部组织。

温暖、降雨频繁或多雾的天气易造成病害流行。树势衰弱、通风透光不良或偏施氮肥的果园发病较重。

4. 防治方法

（1）农业防治：多施有机肥，避免偏施氮肥，使果树枝条生长健壮，增强抗病力。合理修剪，使果园通风透光良好，以降低果园湿度。避免桃、李、杏等果树混栽，以防病菌互相传染，给防治增加困难。

（2）人工防治：结合冬季修剪，剪除树上的病枯枝。

（3）药剂防治：果树发芽前(萌芽期)，全树均匀喷布4~5波美度石硫合剂，或1∶1∶100倍式波尔多液、40%福美胂可湿性粉剂100倍液、50%退菌特可湿性粉剂100倍液，铲除在枝条溃疡部越冬的菌源。在果树生长季节，从小李脱萼开始，每隔10天喷1次硫酸锌石灰液(硫酸锌1份、石灰4份、水240份)，或70%代森锰锌可湿性粉剂700倍液、65%代森锌可湿性粉剂500倍液、1 000万单位农用硫酸链霉素原粉3 000~5 000倍液。

（4）桃树不宜与李、杏、樱桃等易感病的果树混栽，避免互相传染。李树对细菌性穿孔病的感病性很强，往往成为果园内的发病中心，然后传染到桃树上。因此，在以桃树为主的果园，应将李、杏、樱桃等果树栽植到距离较远的地方。

二十八、李白粉病

1. 症状

叶片正面现不定形褪绿黄斑，与黄斑相对应的叶背面则现白色粉霉(病菌菌丝体及孢子)，粉霉斑扩大并相互连合，叶背面覆满白粉层，叶正面则现褐色枯斑，严重时叶片干枯脱落。嫩叶受害还可致畸形扭曲。

2. 病原

病原为半知菌亚门粉孢菌($Oidium\ sp.$)。病菌以菌丝体在病株上存活越冬，在华南地区，病菌以无性态分生孢子完成病害周年循环，有性态很少发现，即使存在，其在病害循环中所起的作用并不重要。通常温暖多湿的天气及荫蔽的园圃环境有利发病。

李白粉病

3. 防治方法

（1）结合修剪清园。改善园圃通透性，雨后尤应注意清沟排渍降湿。

（2）结合防治炭疽病加入25%粉锈宁可湿性粉1 500～2 000倍液，于春梢抽发期及幼果期分别喷施2～3次，隔10天1次，可控制病害发生。

二十九、李树流胶病

李树流胶病是李树的一种常见病害，全国各李产区都有发生。

1. 症状

李树流胶病主要危害枝干和果实。枝干被害后，流出淡黄色黏液，并逐渐凝结成茶褐色胶状物，干后坚硬。枝干被害严重时，导致树势衰弱，甚至枯死。果实受害后，果面出现黄褐色胶质物，病部组织呈浅褐色，较硬，后期发生龟裂。

在主干和主枝上发病时，受害之初，病部稍肿胀。早春树液开始流动时，从患处流出半透明的树脂，之后随着雨水增多，流胶更为严重，流出的树脂与空气接触后变为红褐色至茶褐色，干燥后则形成硬块。病部皮层和木质变褐坏死，导致树势衰弱，叶片变黄变小。严重时枝干枯死。

2. 病原

病原及发病特点与桃树流胶病相同。

3. 发病规律

李树流胶病的发病原因不明，有人认为是真菌引起，有人认为是机械伤口所引起。无论哪种原因造成的流胶，一般在降雨后发生严重。管理粗放，树势衰弱，病虫害严重时，流胶严重。

病虫为害、水分过多、修剪过重、结果过多、土质黏重、土壤过酸，都可引起流胶病的发生。症状被害枝干皮层呈疱状隆起，随后陆续流出透明柔软的树胶。树胶与空气接触氧化后变成红褐色至茶褐色，干燥后则成硬粒块，病部皮层和木质部变褐坏死,严重时致树势衰退,部分枝干乃至全株枯死。

4. 防治方法

参照桃树流胶病防治,应采取以栽培防病为基础、病虫兼治为辅助的综合防治措施。

在施药方式上,除喷施外,还可用主干涂刷药浆的办法(30%氧氯化铜悬浮剂30～50倍液,每1～2个月涂刷主干或低矮的主枝1次)。

在用药种类上,除杀虫、杀菌剂混合喷施外,还可加入叶面营养喷施剂(如植宝素、核苷酸等)以促进枝叶生长,增强树势。

在土壤管理上,应逐年深翻改土,增施绿肥和磷钾肥,提高土壤肥力,增强根系活力。

在肥水管理上,应施好芽前基肥、壮花肥、壮果肥和采果前后肥;注意整治排灌系统,抓好雨后清沟排渍降湿。

在树冠管理上,应抓好整形修剪,清除病虫枝、阴枝,使之形成短果枝和花束状果枝。

第二章

桃李杏虫害

一、桃小食心虫

桃小食心虫 Carposina nipp-onensis Walsingham，简称桃小，属鳞翅目，果蛀蛾科。桃小食心虫危害桃、杏、李等核果类果实。

1. 危害状

被害果一般在幼虫蛀果后不久，从入果孔处流出泪珠状的胶质点，胶质点不久就干涸，成胶珠状。在入果孔留下小片白蜡质膜，随果实的生长，入果孔愈合成小黑点，周围的果皮略呈凹陷，形成"猴头果"。幼虫发育后期，食量增大，并排粪于果实中，造成所谓"豆沙馅"，使果实完全失去食用价值，造成严重损失。

2. 形态特征

成虫：前翅前缘中部有一蓝黑色三角形大斑，翅基和中部有7簇黄褐或蓝褐色斜立鳞毛。后翅灰白色。卵椭圆形，深红色。

卵：壳上有许多近似椭圆形的刻纹，顶部环生2～3圈呈"Y"状毛刺。

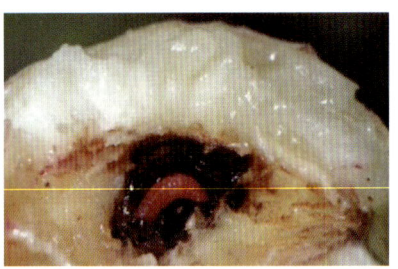

桃小食心虫危害状

桃小食心虫成虫

幼虫：成龄幼虫体长13～16毫米，头褐色，前胸背板暗褐色，体背及其余部分桃红色，无臀栉。老龄幼虫体长13～16毫米，全体桃红色，幼龄幼虫体色淡黄白或白色。

蛹：长6～8毫米，淡黄色至褐色。越冬茧扁椭圆，质地紧密，蛹化茧纺锤形，疏松。

茧：分冬茧和夏茧，冬茧，扁圆形，茧丝紧密；夏茧，纺锤形，质地疏松。

3. 生活史及习性

1年发生1～3代，多数2代，以老熟幼虫在土中结扁圆形冬茧越冬。越冬深度以3～8厘米深处最多；主要分布在树干周围1米以内。

翌年4月中旬（北方5月上旬）前后，遇雨后，幼虫开始破茧出土，出土可一直延续到7月中旬，5月上中旬为出土盛期。幼虫出土时间的早晚、数量多少与5月至6月份的降雨关系密切：降雨早，则出土早，雨量充沛且集中，则出土快而整齐；反之，雨量小，降雨分散，则出土晚而不整齐。

幼虫出土后，1天内即可在树干基部附近的土缝、石缝或杂草根际处吐丝结成纺锤形的夏茧，后化蛹。蛹期9～15天。6月下旬至7月上旬为成虫发生盛期，直到9月仍有成虫发生。

成虫白天潜伏于枝干、树叶及草丛等背阴处，日落后开始活动，深夜最为活跃，成虫无趋光性和趋化性，但对性诱芯释放的人工合成性诱剂有很强的趋性。成虫交尾产卵，卵多产在枣叶背面基部，少数产在枣果梗洼处。

幼虫孵出后随即蛀入果内，先在果皮下潜食，果面可见到淡褐色潜痕，不久便可蛀至果核，在果核周围边取食、边排粪，使果核四周充满虫粪。幼虫期约17天左右，后老熟、脱果入土结茧。第1代幼虫盛发期在7月下旬至8月上中旬，第2代幼虫盛发期在8月中下旬至9月上旬。

卵常散产于果实上，极少数产于叶、芽、枝上。初孵幼虫在果面爬行数十分钟至数小时不等，寻觅适当部位后开始啃咬果皮，但并不吞食咬下的果皮，因此胃毒剂对其无效。

幼虫老熟后咬一圆孔，脱出果外直接落地，入土结茧或化蛹。在初咬穿的脱果孔外，常留积有新鲜虫粪。

4. 预测预报

（1）越冬幼虫出土期预测：在树冠下5～6厘米深处埋入桃小食心虫茧100个或更多，4月上旬罩笼，每天检查出土幼虫数，预测幼虫出土期。

（2）成虫发生期预测：采用性诱芯诱集雄蛾的方法。每枚诱芯含性外激素500微克，诱蛾的有效距离可达200米远。成虫发生期前，在杏

(桃)园内均匀地选择若干株树,在每株树的树冠阴面外围离地面1.5米左右的树枝上悬挂1个诱芯,诱芯下吊置1个碗或其他广口器皿,其内加1%洗衣粉溶液,液面距诱芯高1厘米。注意及时补充洗衣粉液,维持水面与诱芯1厘米的距离,每5天彻底换水1次,20~25天更换1次诱芯。每天早上检查所诱到的蛾数,逐一记载后捞出,预测成虫发生期。

5. 防治方法

根据桃小食心虫在树上蛀果危害和在土壤中过冬的特点,防治工作要抓好树下与树上防治相结合,园内与园外防治相结合,化学与人工防治相结合,桃、李、杏树与其他树上防治相结合的综合防治措施,全面控制此虫危害。

(1)消灭越冬幼虫:早春树体发芽前,彻底刮除老皮、翘皮,并集中处理或烧毁,消灭越冬幼虫。对树下的枯枝落叶和杂草也应清除烧掉。

(2)诱杀脱果幼虫:幼虫脱果前,在树干、侧枝、剪锯口处绑麻袋片或束草,收集脱果幼虫,集中消灭。果实采收期,在堆果上铺盖麻袋和草袋,待幼虫潜入后,集中消灭。

(3)摘除虫果:在桃小食心虫发生不重的果园,可结合疏果,摘除虫果和拣拾虫果,集中处理,这是经济有效的防治办法。

(4)树上喷药防治蛀果:越冬代成虫发生期和第1代成虫发生期喷布50%氰戊菊酯乳油2 500倍液,或50%杀螟松乳油1 000倍液。第1代和第2代卵盛期各喷1次,以50%杀螟松乳油防治最佳。成虫发生期如果使用上述两种药,那么第1代与第2代卵盛期应改用2.5%溴氰菊酯乳油2 500倍液,或2.5%功夫乳油8 500倍液防治效果较好。

(5)利用成虫的趋化性:可利用糖醋液(清水10份、红糖0.5份、醋1份或果醋1份、清水1份、红糖少许,混合后溶化均匀再加入几滴八角茴香油)诱集成虫,同时可作为预测成虫发生期的手段。

二、李小食心虫

李小食心虫 *Grapholitha funebrana* Treitscheke,属鳞翅目,小卷叶蛾科。

1. 危害状

李小食心虫以幼虫蛀食为害,蛀果前常在果面上吐丝结网,栖于网下啃咬果皮蛀入果内,不久在入果孔处流出泪珠状果胶。幼虫无一定入果部位,但入果后,常窜到果心附近咬坏其输导系统,果实因此不能正常发育,并逐渐变为紫红色,导致提前脱落。

受李小食心虫为害严重的李树园，当李果约豆粒大小时，即引起大量落果，造成严重的减产，未落的果实因果心被蛀成糖沙馅而不能食用。

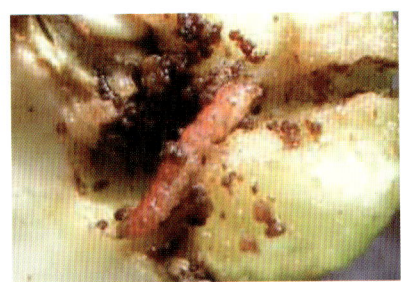

李小食心虫危害状

李小食心虫成虫

2. 形态特征

成虫：体长4.5~7毫米，翅展11~14毫米，体背灰褐色，腹面灰白色。与梨小食心虫很相似，其主要区别为：本种前翅狭长烟灰色，前缘有不甚明显的白色钩状纹（斜短纹）18组，梨小为10组明显；梨小中室端附近有1个明显白点，本种没有；本种翅面无明显斑纹，密布小白点，仅在近顶角和外缘，白点排成较整齐的横纹，近外缘隐约可见1月牙形铅灰色斑纹，其内侧有6~7个暗色短斑，缘毛灰褐色。后翅淡烟灰色，缘毛灰白色。

卵：扁平圆形，中部稍隆起，长0.6~0.7毫米，初乳白后变淡黄色。

幼虫：体长约12毫米，桃红色，腹面色淡。头、前胸盾黄褐色，前胸侧毛组3根毛，臀板淡黄褐或桃红色，上有20多个小褐点，臀栉5~7齿。腹足趾钩为不规则的双序环，趾钩23~29个，臀足趾钩13~17个。

蛹：长6~7毫米，初淡黄渐变暗褐色，第3~7腹节背面各具2排短刺，前排较大，腹末生7个小刺。

茧：长10毫米，纺锤形污白色。

3. 生活史及习性

北方年生1~4代，均以老熟幼虫在树干周围土中、杂草等地被下及皮缝中结茧越冬。此虫为兼性滞育，在一年发生多代的地区，除第1代、越冬代外，各代老熟幼虫均有越冬者。

李树花芽萌动期于土中越冬者，多破茧上移至地表1厘米处再结与地面垂直的茧，于内化蛹，在地表和皮缝内越冬者即在原茧内化蛹。各地成虫发生期：辽西越冬代

5月中旬，第1代6月中下旬，第2代7月中下旬；忻州越冬代4月上旬至5月上旬，第1代5月下旬至6月下旬，第2代6月中旬至8月上旬，第3代7月下旬至8月下旬。

成虫昼伏夜出，有趋光和趋化性；羽化后1~2天开始产卵，多散产于果面上，偶尔产在叶上，每雌平均卵量50余粒。卵期4~7天。孵化后于果面稍作爬行即蛀果，果核未硬直入果心，被害果极易脱落，随果落地幼虫因果小多完不成发育，部分幼虫蛀果2~3天即转果，每头幼虫可为害2~3个果，约经15天老熟脱果，于皮缝、表土内结茧化蛹，蛹期7天左右。第2代幼虫于果肉内蛀食不转果，蛀孔流胶被害果多不脱落；幼虫为害20余天老熟脱果，部分结茧越冬，发生3代者继续化蛹。第3~4代幼虫多从果梗基部蛀入，被害果多早熟脱落；末代幼虫老熟后脱果结茧越冬。天敌有食心虫白茧蜂等4种。

4. 防治方法

李小食心虫的防治，宜利用其越冬习性。由于越冬代成虫拱土能力弱，同时幼虫大部分在地面结茧化蛹，故要狠抓树下防治，再辅以树上及其他环节的防治措施，便可大大提高防治效果。其方法有：

（1）培土：在越冬代成虫羽化以前，即4月25日进行培土。在树干周围30~60厘米地面培以10厘米厚的土堆，并予踩紧踏实。使羽化的成虫被闷死在土里。但要注意及时撒土，可在越冬代成虫完成羽化后，结合除草、松土，将培土移去，以免果树翻根。

（2）撒粉杀蛹：在越冬代成虫羽化前（4月25日）或在第1代幼虫脱落前（5月下旬）进行，每棵树用40~100克天诺3%地正丹（根据果树大小而定，每亩不超过4千克为宜，混细沙1千克，均匀撒入除净杂草的树冠投影范围内（俗称树盘），然后翻耙入土，用耙子耙匀，使药、土混合均匀，以保证杀虫效果。

（3）树上喷药：成虫发生期（4月下旬至5月上旬）进行树上喷药，选用5%氯氰菊酯乳油50~100毫升兑水100升或其1 000~2 000倍液，均匀喷雾，可兼治其他叶面害虫。对卵和初孵化幼虫均有效。由于李小食心虫发生时期不一致，越冬代成虫羽化期持续达1个月之久，故必须连喷药2~3次。

（4）诱杀：利用李小食心虫的趋光性进行灯光诱杀，选用佳多频振式杀虫灯1~2盏，将杀虫灯挂于距地面3米处，等下套收虫袋，用铁丝固定防止风刮摇摆，两灯间距200米，4月20日开灯诱杀1个月，可取得较好防效。

(5) 利用其趋化性采用糖、酒、醋液诱杀成虫，将糖、酒、醋、水按2∶1∶1∶10比例混合加入少量氯氰菊酯5%乳油，防治效果较好。

三、桃蛀螟

桃蛀螟 Dichocrocis punctiferalis Guenee，又名桃蠹、桃斑蛀螟，俗称蛀心虫、食心虫，属鳞翅目螟蛾科。此虫分布较广，在全国各地均有分布。

桃蛀螟除为害桃、苹果、梨、李、梅、板栗、核桃、杏、柿、无花果、荔枝、龙眼、芒果、木菠萝、石榴、枇杷、山楂等果树的果实外，还可为害向日葵、玉米、高粱等。

1. 危害状

幼虫孵化后多从果蒂部或果与叶及果与果相接处蛀入，蛀入后直达果心。被害果内和果外都有大量虫粪和黄褐色胶液。幼虫老熟后多在果柄处或两果相接处化蛹。

桃蛀螟危害状

2. 形态特征

成虫体长约12毫米，全体鲜黄色，前后翅上散生许多小黑斑，雄蛾尾端有一丛黑毛。

卵扁椭圆形，长约0.6毫米，初产时乳白色，后渐变红褐色。幼虫老熟时体长15～20毫米，体背淡红色，各体节都有粗大的灰褐色斑。

蛹长约12～15毫米，褐色，尾端有臀刺6个。

3. 生活史及习性

以老熟幼虫在向日葵籽及玉米、高粱果穗和残株内越冬；成虫夜间活动，有较强趋光性；以枝叶较密及留果较多的树上，以及两果相接处产卵较多。早熟品种上见卵一般较中、晚熟品种为早。

北方地区1年发生2～3代，第1代和第2代幼虫蛀害桃果为主，第3、4代转害玉米、高粱、向日葵等作物。越冬代成虫发生期为5月中、下旬，5月下旬至6月上旬是第1代卵高峰，以后各代多世代重叠。

桃蛀螟成虫

4. 防治方法

（1）秋冬季节，及时清理园地中的枯枝落叶及附近的玉米、高粱、向日葵等作物残株，消灭越冬幼虫。

（2）桃树合理修剪，合理留果，避免枝叶和果实密接。

（3）喷约防治：不套袋的果园，要掌握第1、第2代成虫产卵高峰期喷药。常用有效药剂有：50%杀螟松乳剂1 000倍液；50%辛硫磷乳油1 000倍液；2.5%溴氰菊酯乳油5 000倍液；2.5%功夫乳油3 000倍液。

桃树品种不同，受害的时间也不同。因此，喷药时间和次数也不相同。据南京地区经验，一般早熟品种喷药2次，分别为第1次5月下旬末，第2次6月上中旬之间。中熟品种喷3次，第1次6月初，第2次6月中、下旬之间，第3次7月上旬，如7月初采收，第3次不必喷。晚熟品种喷4次，第1次6月上、中旬间，第2次6月下旬，第3次7月上、中旬间，第4次7月下旬。

（4）掌握越冬代成虫产卵盛期前（5月下旬前）及时套袋保护。可兼防桃小食心虫、梨小食心虫和卷叶蛾等多种害虫。

四、杏仁蜂

杏仁蜂 *Eurytoma samsonovi* 又叫杏核蜂，属膜翅目广肩小蜂科。分布于辽宁、河北、河南、陕西、山西、新疆等省、自治区。在山西、河北部分地区发生较重。主要为害杏，也有为害桃的报道。

1. 危害状

杏仁蜂以幼虫在杏核内蛀食杏仁。幼虫在杏核内为害，虫果表面有半月形稍凹陷的产卵孔，有时产卵孔出现流胶。虫果易脱落，也有的干缩在树上。翌年春天成虫羽化后，杏核表面出现1个小圆孔，即成虫羽化孔。

杏仁蜂成虫

2. 形态特征

成虫：雌成虫体长约6毫米，翅展约10毫米。头宽大，黑色。触角膝状，基部第1节长，第2节最短，均为橙黄色。其余各节较粗大，黑色。胸部黑色，较粗壮，背面隆起，密布刻点。翅膜质，透明，翅脉色

腹部橘红色，有光泽，基部缢缩。产卵管深棕色。雄虫体长约5毫米，触角第3节以后呈念珠状，各节环生长毛。腹部黑色，第2节细长如柄，其余部分略呈圆形。

卵：长圆形，长约1毫米，一端稍尖，另一端圆钝，中间略弯曲。初产时白色，近孵化时变为乳黄色。

幼虫：初孵幼虫白色，头黄白色。老熟幼虫体长7～12毫米，头、尾稍尖而中间肥大，稍向腹面弯曲。头褐色，具1对发达的上颚。胴部乳黄色，足退化。

蛹：为裸蛹，体长6～8毫米，初为乳白色，近孵化时变为褐色。

3. 生活史及习性

该虫1年发生1代，主要以幼虫在杏园地面落杏及枯干上的杏核内越冬。越冬幼虫于翌年3月中旬开始进入蛹期，至4月中旬全部化蛹，蛹期约1个月。成虫于4月上旬开始羽化。就物候期而言，在山东中部，正值麦黄杏谢花期。羽化后的成虫在杏核内停留一段时间，待躯体坚硬后，用强大的上颚将杏核咬穿1个小孔，孔径约1.5～1.8毫米，然后飞出杏核。

成虫早晚不活动，栖息树上，日间在树上飞翔，交尾产卵，尤以日中为甚。产卵盛期正值谢花后不久（此时杏果有黄豆粒大小）。成虫选择幼嫩的果实产卵。剖开杏仁蜂刚产过卵的鲜杏，在杏种皮上即可发现1个棕黄色的伤痕。绝大多数是1颗杏仁内仅产1粒卵，极个别的杏仁内产有2粒卵。整个幼虫期长达10个月之久。

4. 防治方法

（1）彻底清除杏园内的落杏、杏核及树上干杏。将落到地上的未成熟杏果及残留在树枝上的干果清除掉，集中深埋或烧毁。

（2）水选：被害杏核多中空，在水中呈漂浮状。因此，在剥离果肉后，进行水选，将漂浮的空壳捞出，集中烧毁；沉在水底的，为未被虫害的，捞出晾干后贮存或调运。

（3）药剂毒杀：①在成虫羽化期，地面撒施甲胺磷毒土，每亩用药35～50克，混细土10～15千克。若施用毒土，需设标记，以防人畜中毒。②在杏果长到直径0.7厘米左右时，在4月中旬，给杏树喷施2.5%敌杀死2 000倍液或50%的来福灵3 000倍液。在5月上旬成虫羽化期，喷施50%敌敌畏500倍液。采用这些方法对杏仁蜂进行防治，均可收到良好的效果。

五、桃仁蜂

桃仁蜂 *Eurytoma maslovskii Nikolskaya* 又叫太古桃仁蜂，属膜

翅目，广肩小蜂科。分布于山西、辽宁等地为害桃、毛桃、山桃。桃仁蜂是杏、桃果实的重要害虫。在河北承德桃仁蜂发生较严重。

1. 危害状

主要以成虫产卵造成落果和幼虫蛀食正在生长发育的果仁造成危害，被害果逐渐干缩呈黑灰色僵果，大部分早期脱落。

桃仁蜂成虫

桃仁蜂幼虫危害状

2. 形态特征

成虫：体长6～8毫米，黑色前翅透明，略带褐色，后翅无色透明。

卵：长椭圆形，略弯曲，乳白色，近透明。

幼虫：体长6～7毫米，乳白色，纺锤形，略扁，稍弯曲。

蛹：纺锤形，乳白色，后变为黄褐色。

3. 发生规律

桃仁蜂每年发生1代，成虫始见期、始盛期、高峰期与3月下旬、4月上旬平均气温之和密切相关，该蜂老熟幼虫隐藏在果核内越冬，4月间开始化蛹，5月中旬成虫开始羽化，成虫习惯把卵产在桃果里。7月下旬时，桃仁近成熟时，多被食尽。被害果逐渐干缩呈黑灰色僵果，少数残留在枝上不掉。管理粗放的果园易发生。

4. 防治方法

（1）人工防治：秋季至春季桃树发芽时，彻底清理桃园，清除地上的落叶和落果，集中深埋。

（2）化学防治：防治桃仁蜂成虫所用药液加入的农药缓释剂，能延长杀虫持续效期，在桃仁蜂成虫出现始见期至高峰期（一般在4月底至5月上旬）防治桃仁蜂成虫均可取得理想的防治效果，最佳防治适期应在桃仁蜂成虫始见期后的5～8天即成虫出现始盛期至高峰期。2.5%溴氰菊酯150～600倍液加入0.5%的5%农药长效缓释剂有效成分、1.2%苦烟乳油100~300倍液加入0.5%的农药长效缓释剂有效成分。具体配药方法：按1份5%农药长效缓释剂加9份水的比例将农药长效缓释剂和水混配均匀，再按农药使用浓度（2.5%溴氰菊酯150~600倍液、1.2%苦烟乳油100~300倍）和药液总量计算并加入适量农药即可进行常量喷雾。

六、桃纵卷瘤蚜

桃纵卷瘤蚜 *Tuberocephalus mononis*，又名桃瘤头蚜，属同翅目蚜科。国内南、北方均有分布。

1. 危害状

成、若虫群集叶背边缘刺吸汁液，初淡绿，后呈桃红色，严重时全叶卷曲很紧呈条管型。

桃纵卷瘤蚜

2. 形态特征

成虫：有翅胎生雌蚜体长约1.8毫米，浅黄褐色，腹部背面有黑色斑纹。体深绿、黄绿、黄褐等色。

卵：椭圆形黑色。

若蚜：与无翅胎生雌蚜相似、体较小、黄或浅绿色，头部和腹管深绿色。复眼朱红色。有翅若蚜胸部发达。

3. 生活史及习性

北方年生10余代，生活周期类型属乔迁式。华北以卵在桃、樱桃等枝条的芽腋处越冬。北方果区5月始见蚜虫为害，6月至7月大发生，并产生有翅胎生雌蚜迁飞到艾草上，晚秋10月又迁回桃、樱桃等果树上，产生有性蚜，产卵越冬。

4. 防治方法

(1) 加强果园管理，结合春季修剪，剪除被害枝梢，集中烧毁。

(2) 在桃园及杏园周围，不宜种植烟草、白菜等农作物，以减少蚜虫的夏季繁殖场所。

(3) 瓢虫、食蚜蝇、草蜻蛉、寄生蜂等蚜虫的天敌，对蚜虫抑制作用很强，因此，在蚜虫天敌发生期，应尽量少喷洒广谱性农药。可喷洒0.3%苦参碱1 000倍液，可有效杀灭蚜虫，保护天敌。

(4) 树干注药：在主干上用铁锥由上向下斜着刺孔，深达木质部，用8号注射器注入敌敌畏。

(5) 喷洒农药：春季卵孵化后，桃树未开花和卷叶前，及时喷洒药剂，如选用20%菊杀乳油2 000倍液,或10%吡虫啉粉剂2 000～3 000倍,或0.3%苦参碱1 000倍喷施。

七、桃蚜

桃蚜 *Myzus persicae*(Sulzer),又名烟蚜、菜蚜,属同翅目,蚜科。分布遍及全国各地,为多食性害虫,为害桃、杏、李等果树和萝卜等十字花科蔬菜及烟、麻、棉等百余种经济作物及杂草。

1. 危害状

成、若虫群集芽、叶、嫩梢上刺吸汁液,被害叶向背面不规则的卷曲皱缩,排泄蜜露诱致霉病发生或传播病毒病。

无翅蚜虫

桃蚜危害状

2. 形态特征

成虫:有翅胎生雌蚜体长1.6～2.1毫米,头胸部、腹管、尾片均黑色,腹部淡绿、黄绿、红褐至褐色变异较大。

卵:长椭圆形,长约0.7毫米,初淡绿后变黑色。

若蚜:似无翅胎生雌蚜,淡粉红色,仅体较小;有翅若蚜胸部发达,具翅芽。

3. 生活史及习性

北方1年发生20～30代,生活

有翅蚜虫

周期类型属乔迁式。北方以卵于桃、李、杏等冬寄主的芽旁、裂缝、小枝杈等处越冬,树萌芽时,卵开始孵化,群集芽上为害,展叶后迁移到叶背和嫩梢上为害、繁殖,陆续产生有翅胎生雌蚜向苹果、梨、杂草及十字花科等寄主上迁飞扩散;5月上旬繁殖最快,为害最盛,并产生有翅蚜飞往烟草、棉花、十字花科植物等夏寄主上为害繁殖,并产生有性蚜,交尾产卵越冬。

4. 防治方法

(1) 加强果园管理:结合春季修剪,剪除被害枝梢,集中烧毁。

(2) 合理配置树种:在桃树行间或果园附近,不宜种植烟草、白菜等农作物,以减少蚜虫的夏季繁殖场所。

(3) 保护天敌:瓢虫、食蚜蝇、草蜻蛉、寄生蜂等,对蚜虫抑制作用很强,尽量少喷洒广谱性农药。

(4) 树干注药:在主干上用铁锥由上向下斜着刺孔,深达木质部,用8号注射器注入敌敌畏。

(5) 喷洒农药:春季卵孵化后,桃树未开花和卷叶前,及时喷洒药剂,如选用20%菊杀乳油2 000倍液或10%吡虫啉粉剂2 000～3 000倍喷施。

八、桃粉蚜

桃粉蚜 *Hyalopterus amygdali*,属于节肢动物门、昆虫纲、同翅目。

1. 危害状

桃粉蚜以无翅胎生雌蚜和若蚜群集于枝梢和嫩叶背吸汁危害,被害叶片失绿并向叶背对合纵卷,卷叶内积有白色蜡粉,严重时叶片早落,嫩梢干枯,排泄蜜露,常导致煤污病发生。严重时枝叶变黑,影响植物生长和观赏价值。

桃粉蚜

2. 形态特征

(1) 有翅胎生雌蚜:体长约2毫米,头胸部暗黄色,腹部绿色,体被白蜡粉。

(2) 无翅胎生雌蚜:体长约2.4毫米,体绿色被白蜡粉,复眼红褐色,腹管短小、黑色,尾片大、黑色、圆锥形。

(3) 若蚜:体小绿色,被白蜡粉。有翅若蚜胸部发达有翅芽。

(4) 卵:椭圆形,长约0.6毫米,初产黄绿色,后变黑色。

3. 生活史及习性

1年发生10~20代。属乔迁型，以卵在芽裂缝处越冬；花芽萌动时，越冬卵孵化，群集于嫩梢、叶背上危害繁殖；5月至6月间繁殖最盛，危害最重，并产生大量的有翅胎生雌蚜迁飞到禾本科植物上危害繁殖；10月至11月产生有翅蚜返回桃花上危害，并产生有性蚜，交尾，产卵，越冬。其天敌有草蛉、瓢虫、食蚜蝇等。

4. 防治方法

（1）农业防治：结合冬剪，剪除有虫卵的枝条。

（2）提前预防：萌芽期，在越冬卵孵化高峰期，喷药防治。桃树发芽前可喷洒5%柴油乳剂，或5波美度石硫合剂，杀死越冬卵。

（3）药剂防治：喷药防治应掌握在谢花后桃叶未卷缩以前及时进行。即桃树萌芽后至开花前，若虫大量出现时，喷第1次药；谢花后蚜虫密集叶背、嫩梢时，喷第2次。药剂可用40%氧化乐果乳剂3 000倍液，或20%菊乐酯乳剂3 000倍液，或20%杀灭菊酯乳剂3 000倍液，或50%抗蚜威可湿性粉剂2 000倍液，或50%灭蚜松可湿性粉剂2 000倍液，或2.5%天王星乳油3 000~4 000倍液等。由于桃粉蚜体表有蜡粉层，所用药剂中应加适量中性皂粉或牛皮胶以增强药液黏着力。

（4）注意保护和利用天敌。

九、光星肩天牛

星天牛 *Anoplophora ehinensis* (Forster) 俗名树牛、花牛。属鞘翅目，天牛科。分布于华东、华中、西南和华南等地。

1. 危害状

以幼虫蛀食树体枝干，幼虫蛀入树体的木质部危害，造成枝干中空，树势衰弱，严重时可使植株枯死。

光星肩天牛幼虫

光星肩天牛裸蛹

光星肩天牛成虫

2. 形态特征

成虫：体长约32毫米，体漆黑色，有光泽。鞘翅基部有许多颗粒状小瘤突，翅面上分布大小不等的白色斑点。

卵：乳白色，长椭圆形。

幼虫：老熟时体长约54毫米，乳白色，圆筒形。前胸背板中央有1个黄褐色凸形斑纹，其上方两侧各有1个飞鸟状纹。

蛹：为离蛹型，浅黄色。

3. 生活史及习性

该虫1年发生1代，以幼虫在树木的蛀道内越冬。第2年3月份当气温回升时，越冬幼虫开始活动，4月开始化蛹，蛹期25天左右。5月成虫开始羽化，至10月均可见到成虫。

成虫取食嫩枝条的皮，以补充营养。交尾后刻槽产卵，卵槽一般呈T字形或L字形，每槽产1粒卵，卵期约15天左右。幼虫为害路径为树表皮有排泄孔及排泄物出现。

4. 防治方法

(1) 捕捉成虫：当光星肩天牛蛹羽化后，在5月至10月成虫活动期间，可利用从中午到下午3时前成虫有静息枝条的习性，组织人员捕捉。

(2) 涂白树干：在成虫发生前对树体主干与主枝进行涂白，使成虫不能产卵。

(3) 刺杀幼虫：5月份前检查树干，寻找细小的红褐色虫粪，一旦发现虫粪，即用锋利的小刀划开树皮将幼虫杀死。也可在第2年春季检查枝干，一旦发现枝干有红褐色锯末状虫粪，即用锋利的小刀或铁丝捅杀在木质部中危害的幼虫。

(4) 药剂防治：对于已经蛀入的幼虫，采用新型高压注射器，向树干内注射果树宝等药剂。

十、桑天牛

桑天牛 Apriona germari (Hope) 属鞘翅目天牛科沟胫天牛亚科。有人称之为"褐天牛"、粒肩天牛、铁炮虫之俗称。在全国各地均有分布。主要危害桑、无花果、杨、柳、榆、苹果、沙果、樱桃、梨、桃、杏等。

1. 危害状

幼虫危害树体枝干，造成枝干蛀空，形成孔洞，在枝干上有排泄孔,蛀道有时长达91.5～248.8厘米。幼虫于枝干的皮下和木质部内,向下蛀食,隧道内无粪屑,隔一定距离向外蛀1通气排粪屑孔,排出大量粪屑,削弱树势,重者枯死。

成虫食害嫩枝皮和叶;成虫喜食桃、苹果等的嫩枝皮。白天取食,夜间产卵。每晚自8时半至次日凌晨4时半左右产卵,天亮前复飞回白天的栖息木继续取食。

2. 形态特征

成虫:体黑褐色,密生暗黄色细绒毛;触角鞭状;第1、第2节黑色,其余各节灰白色,端部黑色;鞘翅基部密生黑瘤突,肩角有黑刺一个。

卵:长椭圆形,稍弯曲,乳白或黄白色。

幼虫:老龄体长60毫米,乳白色,头部黄褐色,前胸节特大,背板密生黄褐色短毛,和赤褐色刻点,隐约可见呈"小"字形凹纹。

蛹:体初为淡黄色,后变黄褐色。

3. 生活史及习性

北方2～3年1代,以幼虫或未来得及孵化的卵在枝干内越冬,寄主萌动后开始为害,落叶时休眠越冬。

幼虫期初孵幼虫,先向上蛀食10毫米左右,即掉回头沿枝干木质部一边向下蛀食,逐渐深入心材,如植株矮小,下蛀可达根际,幼虫在蛀道内,每隔一定距离即向外咬一圆形排粪孔,粪便即由虫孔向外排出,排泄孔径随幼虫增长而扩大,孔间距离自上而下逐渐增长。

幼虫老熟后,即沿蛀道上移,超过1～3个排泄孔,先咬羽化孔的雏形,向外达树皮边缘,使树皮呈现臃肿或破裂,常使树液外流。此后,

桑天牛成虫

桑天牛幼虫危害状

幼虫又回到蛀道内选择适当位置（一般距蛀道底70~120毫米）作成蛹室，化蛹其中。

蛹室长40~50毫米，宽20~25毫米。蛹期15~25天。羽化后于蛹室内停5~7天后，咬羽化孔钻出，7月至8月间为成虫发生期。

成虫有假死性，趋光性弱。并且多晚间活动取食，以早晚较盛，约经10~15天开始产卵。2~4年生枝上产卵较多，多选直径10~15毫米的枝条的中部或基部，先将表皮咬成"U"形伤口，然后产卵于其中，每处产1粒卵，偶有4~5粒者。每雌可产卵100~150粒，产卵约40余天。卵期10~15天，孵化后于韧皮部和木质部之间向枝条上方蛀食约1厘米，然后蛀入木质部内向下蛀食，稍大即蛀入髓部。

幼虫蛀入后，开始每蛀5~6厘米长向外蛀1排粪孔，随虫体增长而排粪孔距离加大，小幼虫粪便红褐色细绳状，大幼虫的粪便为锯屑状。幼虫一生蛀隧道长达2米左右，隧道内无粪便与木屑。

4. 防治方法

（1）结合修剪除掉虫枝，集中处理。

（2）成虫发生期及时捕杀成虫，消灭在产卵之前。

（3）成虫发生期结合防治其他害虫，使用药剂参考光星肩天牛的防治方法。

（4）成虫产卵盛期后挖卵和初龄幼虫。

（5）刺杀木质部内的幼虫，找到新鲜排粪孔用细铁丝插入，向下刺到隧道端，反复几次可刺死幼虫。

十一、桃红颈天牛

桃红颈天牛 Aromia bungii Faldermann 国内分布广泛。主要危害桃、李、碧桃、樱桃、梅、梅花、杏、郁李、垂柳等植物。

1. 危害状

主要以幼虫危害，幼虫蛀入木质部危害，造成枝干中空，树势衰弱，严重时可使植株枯死。桃树一般可活30年左右，但遭受桃红颈天牛危害，桃树的寿命缩短到10年左右，因其以幼虫蛀食树干，削弱树势，严重时可致整株枯死。

桃红颈天牛成虫

桃红颈天牛成虫

2. 形态特征

成虫：体长26～37毫米。体黑色，有光泽，前胸部棕红色，故名红颈天牛。前胸两侧各有刺突，背面有瘤状突起。鞘翅表面光滑，基部较前胸为宽，后端较狭。雄虫体小，前胸腹面密被刻点。触角超体长5节；雌虫前腹面有许多横纹，触角超体长2节。

卵：长椭圆形，乳白色。

幼虫：老熟幼虫体长约50毫米，黄白色，前胸背板前半部横列4个黄褐斑块，每块前缘有凹缺，侧缘各1块呈三角形。

蛹：淡黄白色，前胸两侧和前缘中央各有突起1个。

3. 生活史及习性

华北地区2～3年完成1代，以大幼虫在树皮下及木质部蛀道中越冬。第2年春暖花开恢复活动，继续在皮层下和木质部钻蛀不规则的隧道，并向外排出大量红褐色虫粪及碎屑，堆满树干基部地面，5月至6月危害最烈。严重时树干被蛀空而死。幼虫一生钻蛀隧道总长50～60厘米。6月至7月羽化为成虫，羽化后的成虫攀附在枝叶上取食，作为补充营养。成虫交配后卵多产于主干、主枝的树皮缝隙中，幼虫孵化后先在树皮下蛀食，经滞育过冬，次春继续向下蛀食皮层，至7月至8月，幼虫头向上往木质部蛀食，再经过冬天，到第3年5月至6月老熟化蛹，羽化为成虫。

4. 防治方法

（1）捕捉成虫：桃红颈天牛蛹羽化后，在6月至7月成虫活动期间，可利用从中午到下午3时前成虫有静息枝条的习性，组织人员在果园进行捕捉，可取得较好的防治效果。

（2）涂白树干：利用桃红颈天牛惧怕白色的习性，在成虫发生前对桃树主干与主枝进行涂白，使成虫不敢停留在主干与主枝上产卵。涂白剂可用生石灰、硫磺、水按10∶1∶40的比例进行配制；也可用当年的石硫合剂的沉淀物涂刷枝干。

（3）刺杀幼虫：9月份前孵化出的桃红颈天牛幼虫即在树皮下蛀食，这时可在主干与主枝上寻找细小的红褐色虫粪，一旦发现虫粪，即用锋利的小刀划开树皮将幼虫杀死。也可在翌年春季检查枝干,一旦发现枝干有红褐色锯末状虫粪,即用锋利的小刀将在木质部中的幼虫挖出杀死。

十二、山楂叶螨

山楂叶螨 *Tetranychus viennensis Zacher* 蜱螨目,叶螨科。别名山楂红蜘蛛、樱桃红蜘蛛。主要危害桃、苹果、梨、山楂、樱桃等。

1. 危害状

成、若、幼螨刺吸芽、叶、果的汁液,叶受害初呈现很多失绿小斑点,渐扩大连片。严重时全叶苍白枯焦早落,常造成二次发芽开花,削弱树势,不仅当年果实不能成熟,还影响花芽形成和下年的产量。

山楂叶螨

2. 形态特征

成螨:雌成螨有冬、夏型之分,冬型体长0.4~0.6毫米,朱红色有光泽;夏型体长0.5~0.7毫米,紫红或褐色。体背后半部两侧各有1大黑斑,足浅黄色。体均卵圆形,前端稍宽且隆起,体背刚毛细长26根,横排成6行。雄虫体长0.35~0.45毫米,纺锤形,第3对足基部最宽,末端较尖;第1对足较长。体浅黄绿至浅橙黄色,体背两侧各具1黑绿色斑。

卵:球形,浅黄白至橙黄色。

幼螨:足3对,体圆形,黄白色,取食后卵圆形浅绿色,体背两侧出现深绿长斑。

若螨:足4对,淡绿至浅橙黄色,体背出现刚毛,两侧有深绿斑纹,后期与成螨相似。

3. 生活史及习性

北方1年发生5~13代,均以受精雌螨在树体各种缝隙内及干基附近土缝里群集越冬。第2年春季当日平均气温达9~10℃,桃芽膨大露绿时出蛰为害芽,展叶后到叶背为害,此时为出蛰盛期,整个出蛰期达40余天。取食7~8天后开始产卵,盛花期为产卵盛期。卵期8~10天,落花后7~8天卵基本孵化完毕,同时出现第1代成螨,第2代卵在落花后30余天达孵化盛期,此时各虫态同时存在,世代重叠。麦收前后为全年发生的高峰期,严重者常早期落叶,由于食料不足营养恶化,常提前出现越冬雌螨潜伏越冬。

成、若、幼螨喜在叶背群集为害，有吐丝结网习性，卵产于丝网上，并可借丝随风传播。成螨可行两性生殖或孤雌生殖，所产的卵孵化为雄性，而8月下旬后，所产卵雌性占60%～85%。春、秋季世代平均每雌产卵70～80粒，夏季世代20～30粒。非越冬雌螨的寿命，春、秋两季为20～30天，夏季7～8天。

天敌有食螨瓢虫、小花蝽、食虫盲蝽、草蛉、蓟马、隐翅甲、捕食螨等数十种。

4. 防治方法

(1) 保护天敌：尽量减少杀虫剂的使用次数或使用不杀伤天敌的药剂以保护天敌，特别花后大量天敌相继上树，如不喷药杀伤，往往可把害螨控制在经济阈值允许水平以下，如个别树严重(当平均每叶达5头时)，可对单树进行用药防治，避免普治大量杀伤天敌。

(2) 休眠期刮除老皮，重点是刮除主枝分杈以上老皮，主干可不刮皮以保护主干上越冬的天敌。叶螨主要在树干基部土缝里越冬，可在树干基部培土拍实，防止越冬螨出蛰上树。

(3) 发芽前结合防治其他害虫可喷洒5波美度石硫合剂或45%晶体石硫合剂20倍液、含油量3%～5%的柴油乳剂，可高效浓缩机油·石硫乳剂，特别是刮皮后施药效果更好。

(4) 花前是进行药剂防治叶螨和多种害虫的最佳施药时期，在做好虫情测报的基础上，及时全面进行药剂防治，可控制在为害繁殖之前。常用药剂有：15%扫螨净乳油3 000倍液、21%灭杀毙乳油2 500～3 000倍液、73%克螨特乳油3 000～4 000倍液、25%除螨酯(酚螨酯)乳油1 000～2 000倍液、40%乐杀螨乳油2 000倍液等多种杀螨剂。

注意药剂的轮换使用，可延缓叶螨抗药性产生。

十三、黑星麦蛾

黑星麦蛾 *Telphusa chloroderces* Meyrich 属鳞翅目，麦蛾科。国内分布范围较广，在辽宁、河北、河南、山东、山西、陕西、甘肃、安徽等省都有发生。其寄主果树有桃、苹果、李、杏、樱桃等。

1. 危害状

幼虫在新梢上吐丝结叶片作巢，内有白色细长丝质通道，并夹有粪便，虫苞松散。幼虫在苞内群集为害。管理粗放的幼龄果园发生较重，严重时全树枝梢叶片受害，只剩叶脉和表皮，全树呈现枯黄，并造成发二次叶，影响果树生长发育。

黑星麦蛾

2. 形态特征

成虫：体长5~6毫米，翅展约16毫米，全体灰褐色。胸部背面及前翅黑褐色，有光泽，前翅靠近外线1/4处有1淡色横带，从前缘横贯到后缘，迎中央还有3~4个黑斑，其中2个十分明显，后翅灰褐色。

卵：椭圆形，淡黄色，有珍珠光泽。

幼虫：体长10~15毫米，细长，头部褐色，前胸背板黑褐色，胸腹背面有7条黄白色纵条和6条淡紫褐色纵条相间排列。臀板后缘有褐色"U"形骨化纹。

蛹：长约6毫米，长卵形，红褐色，第7腹节后缘有蜡黄色并列的刺突。

3. 生活史及习性

在河南、河北、陕西等省1年发生3代。以蛹在杂草、落叶和土块下越冬。陕西关中地区4月中、下旬越冬代成虫开始羽化，产卵于新梢顶端伸展开的嫩叶基部，单粒或几粒成堆。第1代幼虫于4月中旬开始发生。幼龄幼虫潜伏在未伸展的嫩叶上为害。幼虫长大将几个叶片卷成虫苞，居内为害，只取食叶肉，不食下表皮。发生多时，1个虫苞内有10~20头幼虫，把叶片为害成纱网状。5月下旬开始在为害的叶苞内化蛹，6月下旬出现第1代成虫。第2代幼虫于7月上旬出现。7月下旬化蛹，8月中旬开始出现第2代成虫。第3代幼虫约为害至9月中、下旬至10月老熟落地化蛹越冬。

4. 防治方法

（1）人工防治：清扫果园中落叶、铲除杂草，集中消灭越冬蛹。

（2）药剂防治：5月上、中旬第一代幼虫为害初期，喷布50%杀螟硫磷（杀螟松）1 000倍液，或75%辛硫磷2 000倍液，或10%氯氰菊酯乳油4 000倍液或20%杀灭菊酯乳油3 000倍液，或30%灭蛾净乳油1 000倍液，防效均理想。幼虫孵化初期，用BT乳剂600倍液或25%灭幼脲3号2 000~2 500倍液喷雾，可保护天敌，控制其危害。

十四、桃潜叶蛾

桃潜叶蛾 *Lyonetia pruni-foliella* Hubn 是桃树的重要害虫之一，在北方大部分桃产区都有分布。

寄主植物主要有桃、李、杏和樱桃等核果类果树。

1. 危害状

桃潜叶蛾以幼虫在叶片内潜食叶肉，造成弯曲迂回的蛀道，叶片表皮不破裂，从外面可看到幼虫所在位置。幼虫排粪于蛀道内。在果树生长后期，蛀道干枯，有时穿孔。虫口密度大时，叶片枯焦，提前脱落。

桃潜叶蛾

2. 形态特征

成虫：体长约3毫米，翅展约6毫米，体及前翅银白色。前翅狭长，先端尖，附生3条黄白色斜纹，翅先端有黑色斑纹。前后翅都具有灰色长缘毛。

卵：扁椭圆形，无色透明，卵壳极薄而软，大小为0.26～0.33毫米。

幼虫：体长约6毫米，胸淡绿色，体稍扁。有黑褐色胸足3对。

茧：扁枣核形，白色，茧两侧有长丝粘于叶上。

3. 生活史及习性

该虫每年发生5代，以蛹在枝干的翘皮缝、被害叶背及树下杂草丛中结白色薄茧越冬。翌年4月下旬至5月初成虫羽化，夜间产卵于叶表皮内。孵化后的幼虫呈浅绿色，受震动后会吐丝下垂。幼虫老熟后从蛀道脱出，在树干翘皮缝、叶背及草丛中仍结白色薄茧化蛹。5月底至6月初发生第1代成虫。以后每月发生1代，直至9月底至10月初发生第5代。

4. 防治技术

(1) 消灭越冬虫体：冬季结合清园，刮除树干上的粗老翘皮，连同清理的桃叶、杂草集中焚烧或深埋。

(2) 运用性诱剂杀成虫：选一广口容器，盛水至边沿1厘米处，水中加少许洗衣粉，然后用细铁丝串上含有桃潜叶蛾成虫性外激素制剂的橡皮诱芯，固定在容器口中央，即成诱捕器。将制好的诱捕器悬挂于桃园中，高度距地面1.5米，每亩挂5～10个。夏季气温高，蒸发量大，要经常给诱捕器补水，保持水面的高度要求。挂诱捕器不但可以杀雄性成虫，且可以预报害虫消长情况，指导化学防治。

(3) 化学防治：化学防治的关键是掌握好用药时间和种类。实践证明：在越冬代和第1代雄成虫出现高峰后的3~7天内喷药,可获得理想效果。如果错过了上述防治期,那么只要在下一个成虫发生高峰后3~7天内适时用药,亦能控制虫害发展。

第1次用药一般在桃落花后,然后每隔15~20天喷1次药。所用药物及其剂量分别有25%灭幼脲3号悬浮剂1 500~2 000倍液或20%杀铃脲悬浮剂6 000~8 000倍液及90%杜邦万灵可湿性粉剂4 000倍液,药剂试验表明,3%啶虫脒乳油2 000倍液和40%毒死蜱浮油1 500倍液防治桃潜叶蛾的卵和幼虫效果良好,且具有高渗透作用,因此可作为田间防治的首选药剂。

小绿叶蝉

十五、小绿叶蝉

小绿叶蝉 *Empoasca flavescens* 又名桃小绿叶蝉、桃小浮尘子,属同翅目、叶蝉科。是桃树重要害虫之一,国内大部分地区均有分布。主要为害桃、杏、李、樱桃、梅、苹果、梨、葡萄等果树及禾本科、豆科等植物。

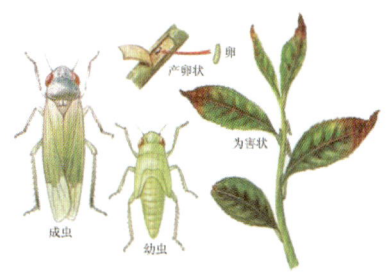

小绿叶蝉

1. 危害状

成虫、若虫吸食芽、叶和枝梢的汁液,被害叶初期叶面出现黄白斑点,以后渐扩大成片,严重时全树叶苍白早落。

2. 形态特征

成虫:体长3.3~3.7毫米,淡黄绿至绿色。前翅半透明,略呈革质,淡黄白色。

卵:长椭圆形,一端略尖。乳白色。

若虫:全体淡绿色,复眼紫黑色。

3. 生活史及习性

以成虫在常绿树叶中或杂草中越冬。第2年3、4月间开始从越冬场所迁飞到嫩叶上刺吸为害。被害叶上最初出现黄白色小点,严重时斑点相连,使整片叶变成苍白色,造成叶片提早脱落。

成虫产卵于叶背主脉内,以近基部为多,少数在叶柄内。雌虫一生产卵46～165粒。若虫孵化后,喜群集于叶背面吸食为害,受惊时很快横行爬动。第1代成虫开始发生于6月初,第2代7月上旬,第3代8月中旬,第4代9月上旬。这代成虫于10月间在绿色草丛间,越冬作物上,或在松柏等常绿树丛中越冬。

4. 防治方法

(1) 加强果园管理:秋冬季节,彻底清除落叶,铲除杂草,集中烧毁,消灭越冬成虫。

(2) 药剂防治:成虫从桃树上迁飞时,以及各代若虫孵化盛期及时喷洒20%叶蝉散(灭扑威)乳油800倍液,或25%速灭威可湿性粉剂600～800倍液、或20%害扑威乳油400倍液、或20%菊·马乳油2 000倍液、或2.5%敌杀或功夫乳油及其他菊酯类药剂,均能收到较好效果。

十六、草履蚧

草履蚧 Drosicha corpulentus 属同翅目、蚧亚目、硕蚧科。该虫在我国北起辽宁,南到福建,西至新疆均有分布,其为害桃、李、樱桃、苹果、核桃、柑橘等果树。若虫在早春群集于枝条上,以刺吸式口器在嫩芽上吸食汁液,导致芽枯、树衰,大量落花、落果。

1. 危害状

草履蚧若虫、成虫的虫口密度高时,往往群体迁移,爬满附近墙面和地面,令人厌恶。若虫和雌成虫常成堆聚集在芽腋、嫩梢、叶片和枝干上,吮吸汁液危害,造成植株生长不良,早期落叶。

草履蚧成虫

2. 形态特征

成虫：雌成虫体长约10毫米，背面棕褐色，腹面黄褐色，被一层霜状蜡粉。触角8节，节上多。粗刚毛；足黑色，粗大。体扁，沿身体边缘分节较明显，呈草鞋底状。

雄成虫体紫色，长5~6毫米，翅展约10毫米。翅淡紫黑色，半透明，翅脉2条，后翅小，仅有三角形翅茎；触角10节，因有缢缩并环生细长毛，似有26节，呈念珠状。腹部末端有4根体肢。

卵：初产时橘红色，有白色絮状蜡丝黏裹。若虫：初孵化时棕黑色，腹面较淡，触角棕灰色，唯第3节淡黄色，很明显。

雄蛹：棕红色，有白色薄层蜡茧包裹，有明显翅芽。

3. 生活史及习性

1年发生1代。以卵在土中越夏和越冬；第2年1月下旬至2月上旬，在土中开始孵化，能抵御低温，在"大寒"前后的堆雪下也能孵化，但若虫活动迟钝，在地下要停留数日，温度高，停留时间短，天气晴暖，出土个体明显增多。孵化期要延续1个多月。

若虫出土后沿茎秆向上爬至梢部、芽腋或初展新叶的叶腋刺吸危害。雄性若虫4月下旬化蛹，5月上旬羽化为雄成虫，羽化期较整齐，前后1周左右，羽化后即觅偶交配，寿命2~3天。雌性若虫3次蜕皮后即变为雌成虫，自茎秆顶部继续下爬，经交配后潜入土中产卵，卵有白色蜡丝包裹成卵囊，每囊有卵100多粒。

4. 防治方法

（1）农业防治：在雄虫化蛹期、雌虫产卵期，清除虫体。

（2）生物防治：保护和利用天敌昆虫，例如红环瓢虫。草履蚧曾在西安市大面积暴发成灾，经过4年多的努力，可以实现天敌自然控制，同时首次发现草履蚧天敌6种，总结出了草履蚧可持续控制技术。

（3）药剂防治：孵化始期后40天左右，可喷施30号机油乳剂30~40倍液或机油·石硫乳剂100倍液；或喷棉油皂液(油脂厂副产品)80倍液，喷施一般洗衣粉液也可，对植物更安全；或喷25%西维因可湿性粉剂400~500倍液，作用快速，对人体安全；或喷5%吡虫啉乳油；或50%杀螟松乳油1 000倍液，但尽量少损伤天敌。

十七、黄刺蛾

黄刺蛾 Cnidocampa flavescens (Walker) 别名洋辣子、八角虫。属于刺蛾科。分布较广泛，在我国普遍存在，国外也有分布主要是在日本、朝鲜、前苏联（西伯利亚）。黄刺蛾食性杂、寄主多,为害苹果、梨、桃、杏、李、核桃、山楂、柿子、花椒、柑橘、枇杷、杨、柳、桑、榆等多种果树。

1. 危害状

主要是幼虫期为害,越冬时分泌黏液将自己包起来形成一个长圆形硬壳粘在树干上,啃食叶肉,使叶片呈网眼状,幼虫渐长大后,可将叶片啃食成缺刻,仅剩叶脉和叶柄。严重影响果树的生长发育。

黄刺蛾蛹壳

黄刺蛾老熟幼虫

黄刺蛾成虫

2. 形态特征

成虫:雌蛾体长15~17毫米,翅展35~39毫米;雄蛾体长13~15毫米,翅展30~32毫米。体橙黄色,前翅黄褐色,自顶角有1条细斜线伸向中室,斜线内方为黄色,外方为褐色;在褐色部分有1条深褐色细线自顶角伸至后缘中部,中室部分有1个黄褐色圆点。后翅灰黄色。

卵:扁椭圆形,一端略尖,长1.4~1.5毫米,宽约0.9毫米,淡黄色,卵膜上有龟状刻纹。

幼虫:老熟幼虫体长19~25毫米,体粗大。头部黄褐色,隐藏于前胸下。胸部黄绿色,体自第2节起,各节背线两侧有1对枝刺,以第3、4、10节的为大,枝刺上长有黑色刺毛;体背有紫褐色大斑纹,前后宽大，中部狭细成哑铃形，末节背面有4个褐色小斑；体两侧各有9个枝刺，体例中部有2条蓝色纵纹，气门上线淡青色，气门下线淡黄色。

蛹：椭圆形，粗大。体长13～15毫米。淡黄褐色，头、胸部背面黄色，腹部各节背面有褐色背板。

茧：椭圆形，质坚硬，黑褐色，有灰白色不规则纵条纹，后变为褐色。极似雀卵。

3. 生活史及习性

辽宁、陕西1年发生1代，在北方年发生1～2代。以老熟幼虫在小枝杈处、主侧枝以及树干的粗皮上结一带有图案的灰质性卵形茧越冬；茧形象雀蛋。幼龄幼虫栖于叶背，只舐食叶肉，残留透明的上表皮，从叶正面看时如开了"天窗"；严重时可将叶肉都吃尽，只留上表皮和叶脉，成为网膜状；幼虫长大后，将叶片吃成缺刻，仅留叶柄及主脉。第2年5月中旬开始化蛹，下旬成虫开始活动，6月为第1代卵期，6月至7月为幼虫期，第2代幼虫8月上旬发生，10月份结茧越冬。成虫羽化多在傍晚17～22时进行，成虫夜间活动，趋光性不强。雌蛾将卵产在叶背，成虫寿命4～7天。幼虫老熟后在树枝上吐丝作茧。茧最初为透明状，随后凝成硬茧。结茧多在树枝分叉处。

4. 防治方法

（1）物理防治：加强果园管理，增强树势，选栽抗虫品种，合理修剪，发现有越冬茧及时剪除。结合修剪，清理果园，将病残枝及落叶集体烧毁，减少虫源。

（2）生物防治：保护和利用天敌，天敌有上海青蜂、刺蛾广肩小蜂、螳螂、核型多角体病毒。

（3）化学防治：幼龄幼虫对药剂敏感，一般触杀剂均可有效。如90%敌百虫晶体1 500倍液、20%速灭杀丁2 000～3 000倍液、2.5%敌杀死1 500～2 000倍液、50%辛硫磷乳油1 000～1 500倍液等。

十八、褐边绿刺蛾

褐边绿刺蛾 *Latoia consocia* Walker，属鳞翅目刺蛾科。别名绿刺蛾、青刺蛾、黄缘绿刺蛾等，俗称痒辣子。分布地域广泛，几乎遍及全国。

褐边绿刺蛾寄主广泛，食性复杂。危害苹果、海棠、梨、桃、杏、枣、柿等多种果树。

1. 危害状

以低龄幼虫取食下表皮和叶肉，留下上表皮，致叶片呈不规则黄色斑块，被害叶成网状；幼虫长大后把叶食成缺刻，严重时将叶片食光，致使秋季二次发芽，影响树体生长、发育与结实。

褐边绿刺蛾幼虫

褐边绿刺蛾成虫

2. 形态特征

成虫：体长15~16毫米，翅展36~40毫米，体绿色；复眼黑褐色。头胸背绿色，胸背中央有1条棕色纵线，腹部灰黄色。下唇须棕色。前翅绿色，基部有1个暗褐色大斑，外缘为灰黄色宽带，带上散有暗褐色小点和细横线，带内缘内侧有暗褐色波状细线。翅背面灰绿色。前翅的前缘与外缘及后翅前缘呈暗褐色，前后翅缘毛浅棕色。触角褐色，雌虫触角丝状；雄虫触角近基部十几节为单栉齿状。

卵：扁椭圆形，淡黄绿色，长径1.3~1.5毫米，短径0.8~0.9毫米。

老熟幼虫：体长25~28毫米，宽7~8.5毫米，略呈长方形，初黄色，后稍大为黄绿至绿色。头小，黄褐色，缩于前胸下。前胸盾上有1对黑斑，背中线黄绿至浅蓝色，亚背线部位有10对刺突，气门下方有8对刺突，刺突黄绿色，生有毒毛，毒毛顶端近棕褐色，气门上线及气门线呈蓝、黄色相间的纵带。胸足浅黄绿色，无腹足，每腹节的中部有1个扁圆形的吸盘，腹部共有7个吸盘。腹末有4个毛瘤丛生蓝黑刺毛，呈球状。其毒毛有刺，伤人痛痒难忍，所以俗称痒辣子。

蛹：卵圆形，长15~17毫米，宽7~9毫米。初为乳白色至淡黄色，后渐变为黄褐色。茧椭圆形坚硬，长14.5~16.5毫米，宽7.5~9.5毫米，颜色多与寄主树皮色，一般从灰褐色至暗褐色。

3. 生活史及习性

褐边绿刺蛾在河北省1年发生1代，以老熟幼虫在枝干或地下的茧中越冬。第2年5月中下旬开始化蛹，6月上中旬至7月中旬为成虫期。成虫昼伏夜出，有趋光性，卵数十粒呈鱼鳞状排列，多产于叶背主脉附近，每雌成虫产卵150余粒，卵期7

天左右。幼虫于6月下旬至9月下旬发生,8月危害最重。幼虫共8龄,少数9龄,初孵幼虫在原处取食卵壳,1天后蜕皮,并将蜕下的皮吃掉,以后幼虫开始啮食寄主叶肉,稍大后将叶片吃成缺刻或孔洞,6龄后则将叶片全部吃光,仅剩叶脉。低龄幼虫有群集习性,4龄后逐渐分散危害。8月下旬至9月下旬陆续老熟,多入土或在树枝干上做一石灰质的茧越冬。

4. 防治方法

（1）秋冬季人工挖虫茧烧毁。

（2）幼虫群集为害时,摘除虫叶,人工捕杀幼虫,捕杀时注意幼虫毒毛。

（3）在成虫发生期,利用灯光诱杀成虫。

（4）幼虫3龄前选用生物或仿生农药防治,如可施用含量为16 000IU／毫克的Bt可湿性粉剂500～700倍液,1.2%苦烟乳油800～1 000倍液,25%灭幼脲悬浮剂1 500～2 000倍液等。

（5）幼虫大面积发生,可喷施用20%速灭杀丁2 000～3 000倍液,2.5%敌杀死1 500～2 000倍液,50%辛硫磷乳油1 000～1 500倍液,20%菊杀乳油1 000～1 500倍液等药剂进行防治。

（6）保护天敌,如刺蛾紫姬蜂、螳螂等。

十九、双齿绿刺蛾

双齿绿刺蛾 *Latoia hilarata* Standinger 又名棕边青刺蛾、棕边绿刺蛾、大黄青刺蛾,俗称痒辣子,属于鳞翅目,刺蛾科。寄主广泛,危害所有的果树种类。在全国各地均有发生。

1. 危害状

低龄幼虫多群集叶背取食下表皮和叶肉,残留上表皮和叶脉成箩底状半透明斑,数日后干枯常脱落;3龄后陆续分散食叶成缺刻或孔洞,严重时常将叶片食光。

双齿绿刺蛾幼虫

2. 形态特征

成虫:体长9～11毫米;翅展23～26毫米。头部、触角、下唇须褐色,头顶和胸背绿色,腹背苍黄色。前翅绿色;基斑褐色,在中室下缘呈角状外突,略呈五角形;前翅斑纹极似褐边绿刺蛾,该成虫前翅基斑略大,外缘棕褐色,边缘呈波状条纹,呈三度曲折,可以褐边绿刺蛾区分。外缘线较宽带暗灰褐色与外缘平行内弯，稍后翅淡黄色，外线稍带褐色，臀角暗褐色。雌虫触角线状，雄虫触角双林状。复眼褐色，体为黄色。

卵：体长0.9~1.0毫米，宽0.6~0.7毫米，扁椭圆形，光滑。乳白色，近孵化时淡黄色。

幼虫：体长约17毫米，绿色。蛞蝓型，头小，大部缩在前胸内，头顶有两个黑点，前胸背板有1对黑斑，背线天蓝色，两侧材较宽的杏黄色线。胸足退化，腹足小。各体节上均有4个瘤状突起，丛生粗毛，在中、后胸背面及腹部第6节背面上的刺毛为黑色，腹部末端并排有4丛黑色细密的刺毛。

蛹：椭圆形，长9~10毫米，初乳白后渐变为黄褐色。复眼黑色，羽化前胸背淡绿，前翅芽暗绿，外缘暗褐，触角、足和腹部黄褐色。

茧：长11~13毫米，宽6.3~6.7毫米，淡灰褐色，椭圆形，略扁平，钙质较硬。

3. 生活史及习性

在河北省1年发生1代，在山西、陕西年生2代，以老熟幼虫在树干基部或树干伤疤、粗皮裂缝中结茧越冬，有时成排群集。6月上、中旬化蛹，6月下旬至7月上旬羽化成虫，卵产于叶背。成虫趋光性较强，白天静伏，夜晚活动。对糖醋液无明显趋性。幼虫发生期在7、8月。幼龄期群集，长大即分散危害叶片。老熟幼虫最早于8月中旬开始下树结茧越冬。

4. 防治方法

（1）物理防治：结合冬季管理，刮除树上虫茧，以及老皮、翘皮，发现有卵块或群集幼虫及时摘除且销毁。

（2）生物防治：利用该虫具有趋光性对其进行诱杀，在成虫发生期，利用灯光诱杀成虫。注意保护引放天敌，主要有绒茧蜂和刺蛾广肩小蜂。

（3）化学防治：必要时可用药剂防治，可用20%灭多威1 000~1 500倍液、80%敌敌畏1 200倍液、20%速灭杀丁1 500~2 000倍液、2.5%敌杀死1 500~2 000倍液、25%灭幼脲3号2 000~2 500倍液、20%除虫脲4 000~6 000倍液、35%赛丹1 500~2 000倍液、1.8%阿维虫清2 000~3 000倍液等。

二十、扁刺蛾

扁刺蛾 *Thosea sinensis* Walker，又名黑点刺蛾，幼虫俗称洋辣子，属鳞翅目、刺蛾科 *eucleridae*。扁刺蛾在东北、华北、华东、中南地区以及四川、云南、陕西等省均有发生。危害苹果、梨、桃、杏等多种果树。

1. 危害状

扁刺蛾以幼虫取食叶片为害，发生严重时，可将寄主叶片吃光，造成严重减产。

扁刺蛾幼虫危害状

2. 形态特征

成虫：雌蛾体长13~18毫米，翅展28~35毫米。体暗灰褐色，腹面及足的颜色更深。前翅灰褐色、稍带紫色，中室的前方有一明显的暗褐色斜纹，自前缘近顶角处向后缘斜伸。雄蛾中室上角有一黑点（雌蛾不明显）。后翅暗灰褐色。

卵：扁平光滑，椭圆形，长约1.1毫米，初为淡黄绿色，孵化前呈灰褐色。

幼虫：老熟幼虫体长21~26毫米，宽16毫米，体扁、椭圆形，背部稍隆起，形似龟背。全体绿色或黄绿色，背线白色。体两侧各有10个瘤状突起，其上生有刺毛，每一体节的背面有2小丛刺毛，第4节背面两侧各有1个红点。

蛹：长10~15毫米，前端肥钝，后端略尖削，近似椭圆形。初为乳白色，近羽化时变为黄褐色。

茧：长12~16毫米，椭圆形，暗褐色，形似鸟蛋。

3. 生活史及习性

扁刺蛾在北方地区1年1代。以老熟幼虫在寄主树干周围土中结茧越冬。越冬幼虫4月中旬化蛹，成虫5月中旬至6月初羽化。一般幼虫发生期为5月下旬至7月中旬，盛期为6月初至7月初。

成虫羽化多集中在黄昏时分，尤以18~20时羽化最多。成虫羽化后即行交尾产卵，卵多散产于叶面，初孵化的幼虫停息在卵壳附近，并不取食，蜕第1次皮后，先取食卵壳，再啃食叶肉，仅留1层表皮。幼虫取食不分昼夜。自6龄起，取食全叶，虫量多时，常从一枝的下部叶片吃至上部，每枝仅存顶端几片嫩叶。幼虫期共8龄，老熟后即下树入土结茧，下树时间多在晚8时至翌日清晨6时，而以后半夜2~4时下树的数量最多。结茧部位的深度和距树干的远近与树干周围的土质有关：黏土地结茧位置浅，距离树干远，比较分散；腐殖质多的土壤及沙壤土地，结茧位置较深，距离树干较近,而且比较集中。

4. 防治方法

(1) 冬耕灭虫:结合冬耕施肥,将根际落叶及表土埋入施肥沟底,或结合培土防冻,在根际30厘米内培土6~9厘米,并稍予压实,以扼杀越冬虫茧。

(2) 生物防治:可喷施每毫升0.5亿个孢子青虫菌菌液。

(3) 化学防治:可喷施90%晶体敌百虫、50%马拉松、25%亚胺硫磷乳剂1 000~1 500倍液、50%杀螟松1 000倍液,或80%敌敌畏乳1 500倍液。发生严重的年份,在卵孵化盛期和幼虫低龄期喷洒25%天达灭幼脲3号液1 500倍液、或20%天达虫酰肼2 000倍液、或2.5%高效氯氟氰菊酯乳油2 000倍液。

二十一、黑绒金龟子

黑绒金龟子 Maladera orietalis Motsch,又名东方金龟子,俗称黑豆牛、落虎子,属鞘翅目,金龟甲科。分布较广泛,主要分布在西北、东北、华北、华中、华南地区。危害杏、桃、李、梨、苹果、桑及多种植物。

1. 危害状

以成虫咬食危害花蕾、嫩芽、嫩梢,食性杂,食量大,突发性强。对新栽幼树危害最大,可在1~2天内将嫩叶吃光,严重影响幼树生长发育。也危害果实,对结果期树严重影响产量。

黑绒金龟子危害状

2. 形态特征

成虫:体长7~8毫米,宽4.5~5毫米,卵圆形,全身黑色,体表具丝绒般光泽。触角10节,赤褐色,腮片部3节。前胸背板宽为长的2倍,前缘角呈锐角状向前突出,侧缘生有刺毛,前胸背板上密布细刻点。鞘翅上各有9条纵沟纹,刻点细小而密,侧缘列生刺毛。前足胫节外侧有2齿,内侧有刺。后足胫节有21端距。

卵:椭圆形,长约1.2毫米,乳白色,光滑。

幼虫:乳白色,3龄幼虫体长10~16毫米,头宽约2.7毫米。头部前顶毛每侧1根,额中每侧1根。臀节腹面钩毛区前缘呈双峰状;刺毛列由20~23根锥状刺组成弧形横带,位于腹毛区近后缘处,横带中央间隔断裂。

蛹：长约8毫米，黄褐色，复眼朱红色。

3. 生活史及习性

该虫1年发生1代，以成虫在土中越冬，来年杏园萌芽时出土活动。成虫飞翔力强，傍晚多围绕树冠飞翔，栖落取食，有假死性，5月为产卵期，雌成虫产卵于15～20毫米深土中，卵散产或10余粒集中一处。5月下旬至6月上旬孵化，出现新一代幼虫，其以腐殖质及少量嫩根为食。8月上旬到9月上旬3龄老熟幼虫在20～30厘米深土层化蛹，蛹期11天左右。羽化成虫后不再出土，并在土中越冬。成虫出土活动时间与温度有关，早春温度低时活动能力差，且多在正午前后取食危害，很少飞行，早晚均潜伏土中。5、6月间，成虫则白天潜伏，黄昏后开始出土活动、危害，并可远距离迁飞。

4. 防治方法

(1) 农业防治：开荒垦地，破坏其生活环境；灌水轮作，消灭幼龄幼虫，捕捉浮出水面成虫。结合中耕除草，清除田边、地堰杂草，夏闲地块深耕深耙；适期进行秋耕和春耕，深耕同时拣拾幼虫。注意施用腐熟的秸秆肥。

(2) 生物防治：利用成虫具趋光和假死习性，成虫发生期采用黑光灯诱杀，在傍晚进行振树人工捕杀。可兼治其他具趋光性和假死性害虫。保护和利用其天敌。

(3) 化学防治：成虫有入土潜伏的习性，日出后在树下撒施辛硫磷颗粒剂或3911毒土，毒杀成虫及幼虫。盛发期树上喷洒1 000倍瓢甲敌或2 000倍速灭杀丁或1 500倍绿百事或1 000倍辛磷硫加1 500倍龙灯高氯，另加1 500倍害立平。

也可进行药剂拌种，常规农药有25%对硫磷或辛硫磷微胶囊剂0.5千克拌250千克种子，残效期约2个月，保苗率为90%以上；50%辛硫磷乳油或40%甲基异柳磷乳油0.5千克加水25千克，拌种400～500千克。

最好进行土壤消毒，可采用喷洒药液、施用毒土和颗粒剂于地表、播种沟或与肥料混合使用，但以颗粒剂效果较好。常规农药有：5%辛硫磷颗粒剂2.5千克/亩，或3%呋喃丹颗粒剂3.0千克/亩，5%二嗪农颗粒剂2.5千克/亩，1.5%对硫磷粉剂5千克/亩，5%涕灭威颗粒剂2千克/亩。也可用50%对硫磷乳油1 000倍液灌根，或用50%对硫磷乳油1 000倍液加尿素0.5千克，再加0.2千克柴油制成混合液开沟浇灌，然后覆土。

二十二、朝鲜球坚蚧

朝鲜球坚蚧 Didesmococcum koreanus 又叫杏球蚧，属同翅目、蚧亚目、蜡蚧科，是北方果树常见害虫，是桃、杏、李和樱桃等核果类果树的主要害虫之一，也危害苹果和梨等果树。成为近年来春季果园久防难治的首要害虫。

1. 危害状

该虫以雌成虫和若虫危害，主要刺吸1、2年生枝条的汁液，分泌其黏液，影响叶片光合作用，虫口密度大时、枝条上的介壳累累。被害枝生长势衰弱，甚至干枯死亡。介壳虫的虫体上常覆有各种粉状、毛状或丝状蜡质物或坚硬的介壳，加之生产中防治方法不当，药物防治效果很差，成为近年来主要害虫之一。

朝鲜球坚蚧若虫

2. 形态特征

成虫：雌虫无翅，成熟的雌成虫体呈半球形，横径约4.5毫米，高约3.5毫米。初期介壳质软，为黄褐色；后期介壳硬化，为红褐色至紫褐色。雄成虫有1对前翅，后翅退化。头部赤褐色，腹部淡褐色，末端有1对尾毛和1根性刺。雄虫介壳为长椭圆形，背面有龟甲状隆起。

卵：椭圆形，长约0.3毫米，橙黄色。

若虫：椭圆形，初孵化时为红褐色，足和触角明显；越冬若虫为黑褐色。越冬后的若虫足和触角均退化。

蛹：仅雄虫有蛹，长约1.8毫米，赤褐色，裸蛹，腹末有1个黄褐色刺突。

3. 生活史及习性

该虫1年发生1代，以2龄小若虫在杏树枝条以及雌成虫的介壳下等处越冬。第2年清明前，若虫开始活动为害，随后进行雌雄分化和生长发育。在田间雌雄比率为3∶1。雄虫于4月中旬做一蜡质长茧化蛹，而雌虫也进入结球期，但体壁柔软。4月下旬，雄虫羽化。雌虫交配后虫体迅速膨大，体壁也随之高度硬化。5月中、下旬（在麦收前15～20天）雌虫发育成熟，开始产卵在介壳之下，单雌产卵量为1 000～2 000粒，于麦收前孵化成小若虫。小若虫孵出后爬行1～2天，在枝条的芽腋间、干部的嫩皮缝等处群聚固定，生活一个短时间后便越夏、越冬。在一年中，为害最严重的时期是在5月份，即雌成虫交配后至产卵前，其排泄物造成煤尘病，污染叶片和果实。

4. 防治方法

（1）加强果园管理：增强树势，提高树体能力，春季雌成虫产卵以前，采用人工刮除的方法防治，用竹片、钢丝刷刷去虫体。

（2）保护利用天敌，在果树生长期，可利用天敌发挥其自然控制作用。发生较重的果园，要避免使用广谱性杀虫剂，以保护天敌。该虫主要天敌有黑缘红瓢虫。

（3）化学防治：铲除越冬若虫。早春芽萌动期，用5波美度石硫合剂均匀喷布枝干，能取得良好防治效果。孵化盛期喷药。6月上旬观察到卵进入孵化盛期时，全树喷布5%高效氯氰菊酯乳油2 000倍液、20%速灭杀丁乳油3 000倍液。

二十三、桑白蚧

桑白蚧 Pseudaulacaspis pentagona Targioni 又名桑盾蚧、桃介壳虫，是杏、桃、李树的重要害虫，以雌成虫和若虫群集固着在枝干上吸食养分，严重时灰白色的介壳密集重叠，形成枝条表面凹凸不平，树势衰弱，枯枝增多，甚至全株死亡。该虫在我国的地域分布很广，全国各地均有分布。

1. 危害状

若虫和雌成虫群集于主干、枝条上，以口针刺入皮层吸食汁液，也有在叶脉或叶柄、桑芽的两侧寄生，造成桑叶提早硬化。严重发生时，桑树枝干盖满介壳，使桑树生长不良，叶片细小，枝梢萎蔫，以致逐渐枯死。桑白蚧为害后，常致膏药病并发。

桑白蚧危害形成的丝状物

2. 形态特征

桑白蚧属同翅目，盾蚧科。雌成虫橙黄或橙红色，体扁平卵圆形，长约1毫米，腹部分节明显。雌介壳圆形，直径2～2.5毫米，略隆起，有螺旋纹，灰白至灰褐色，壳点黄褐色，在介壳中央偏旁。雄成虫橙黄色至橙红色，体长0.6～0.7毫米，仅有翅1对。雄介壳细长，白色，长约1毫米，背面有3条纵脊，壳点橙黄色，位于介壳的前端。卵椭圆形，长径仅0.25～0.3毫米。初产时淡粉红色，渐变淡黄褐色，孵化前橙红色。

初孵若虫淡黄褐色，扁椭圆形、体长约0.3毫米，可见触角、复眼和足，能爬行，腹末端具尾毛2根，体表有绵毛状物遮盖。脱皮之后眼、触角、足、尾毛均退化或消失，开始分泌蜡质介壳。

3. 生活史及习性

北方地区每年发生2代，主要以受精雌虫在寄主上越冬。春天，越冬雌虫开始吸食树液，虫体迅速膨大，体内卵粒逐渐形成，遂产卵在介壳内，每头雌虫产卵50~120余粒。卵期10天左右（夏秋季节卵期4~7天）。若虫孵出后具触角、复眼和胸足，从介壳底下各自爬向合适的处所，以口针插入树皮组织吸食汁液后就固定不再移动，经5~7天开始分泌出白色蜡粉覆盖于体上。雌若虫期2龄，第2次脱皮后变为雌成虫。雄若虫期也为2龄，脱第2次皮后变为"前蛹"，再经脱皮为"蛹"，最后羽化为具翅的雄成虫。雄成虫寿命仅1天左右，交尾后不久就死亡。

桑白蚧的天敌种类较多，桑白蚧褐黄蚜小蜂 $Prospaltella\ beriosei\ How$ 是寄生性天敌中的优势种，红点唇瓢虫 $Chilocorus\ kuwanae\ Silvestri$ 和日本方头甲 $Cybocophalus\ nipponicus\ Endr\Ödy\ Younga$ 则是捕食性天敌中的优势种，它们是在自然界中控制桑白蚧的有效天敌。

4. 防治方法

根据桑白蚧虫体结构和为害的特点，应采用人工防治、生物防治与化学防治相结合的综合治理。

（1）人工防治：因其介壳较为松弛，可用硬毛刷或细钢丝刷刷除寄主枝干上的虫体。结合整形修剪，剪除被害严重的枝条。

（2）化学防治：根据调查测报，抓准在初孵若虫分散爬行期实行药剂防治。推荐使用含油量0.2%的黏土柴油乳剂混80%敌敌畏乳剂、50%混灭威乳剂、50%杀螟松可湿性粉剂、或50%马拉硫磷乳剂的1000倍液（黏土柴油乳剂配制：轻柴油1份，干黏土细粉末2份，水2份。按比例将柴油倒入黏土粉中，完全湿润后搅成糊状，将水慢慢加入，并用力搅拌，至表层无浮油即制成含油量为20%的黏土柴油乳剂原液）。此外，40%速扑杀乳剂700倍液亦有高效。

（3）保护利用天敌：田间寄生蜂的自然寄生率比较高，有时可达70%~80%；此外，瓢虫、方头甲、草蛉等的捕食量也很大，均应注意保护。

二十四、大青叶蝉

大青叶蝉 $Cicadella\ viridis$

(Linnaeus),别名:青大叶蝉、大浮尘子。分布于全国各省区。

1. 危害状

成、若虫均以刺吸式口器吸吮寄主汁液。可传播多种植物病毒,并造成叶片褪色、畸形、卷缩,甚至全叶枯死。

对杏、桃树的危害,主要是秋季大青叶蝉由蔬菜等寄主转移到桃、杏树枝条上产卵,造成伤口,形成树体枝条失水抽干。

大青叶蝉若虫

大青叶蝉成虫

2. 形态特征

成虫体长7.5~10毫米。身体青绿色,其中头部、前胸背板及小盾片淡黄绿色;头的前方有分为两半的褐色皱纹区,接近后缘处有一对不规则的长形黑地。前胸背板的后半呈深绿色。前翅绿色并有青蓝色光泽,前缘色淡,端部透明,翅脉黄褐色,具有淡黑色窄边。后翅烟黑半透明足橙黄色,前、中足的跗爪及后足胫节内侧有黑色细纹,后足排状刺的基部为黑色。

3. 发生规律

北方地区1年发生3代,以卵于树木枝条表皮下越冬。4月孵化,于杂草、农作物及蔬菜上为害,若虫期30~50天,第1代成虫发生期为5月下旬至7月上旬。各代发生期大体为:第1代4月上旬至7月上旬,成虫5月下旬开始出现;第2代6月上旬至8月中旬,成虫7月开始出现;第3代7月中旬至11月中旬,成虫9月开始出现。发生不整齐,世代重叠。成虫有趋光性,夏季颇强,晚秋不明显,可能是低温所致。成、若虫日夜均可活动取食,产卵于寄主植物茎秆、叶柄、主脉、枝条等组织内,以产卵器刺破表皮成月牙形伤口,产卵6~12粒于其中,排列整齐,产卵处的植物表皮成肾形凸起。每雌可产卵30~70粒,非越冬卵期9~15天,越冬卵期达5个月以上。前期主要为害农作物、蔬菜及杂草等植物,至9、10月农作物陆续收割、杂草枯萎,则集中于秋菜、冬麦等绿色植物上为害,10月中旬第

3代成虫陆续转移到果树、林木上为害并产卵于枝条内,10月下旬为产卵盛期,直至秋后,以卵越冬。

4. 防治方法

(1) 清洁田园:铲除杂草,减少部分虫源。

(2) 人工防治:在10月以前,成虫尚未产越冬卵时,幼龄果树要涂白涂剂,防止成虫产卵。

(3) 诱杀灭虫:夏季灯火诱杀第2代成虫,减少第3代的发生。

(4) 药剂防治:在9月至10月间成虫转移到晚秋作物和蔬菜上为害时,可喷布50%敌敌畏乳油或40%乐果乳油1 500倍液,50%叶蝉散乳油1 000~1 500倍液、25%扑虱灵可湿性粉剂1 500~2 000倍液喷雾,杀灭成虫。

(5) 农业防治:在幼龄果园内不宜间作白菜、萝卜等晚秋作物。

二十五、天幕毛虫

天幕毛虫 *Malacosoma neustria testacea* Motsch,别名:天幕枯叶蛾、带枯叶蛾、梅毛虫,顶针虫、春粘虫。鳞翅目枯叶蛾科。

1. 危害状

常在刚孵化幼虫群集于一枝,吐丝结成网幕,食害嫩芽、叶片,随生长渐下移至粗枝上结网巢,白天群栖巢上,夜出取食,5龄后期分散为害,严重时全树叶片吃光。如在辽西地区曾于20世纪60年代初大发生,间山梨区受害株率几乎达100%,约上万株梨树叶片被吃光,绥中梨区平均每树有越冬卵块达4~6个。目前,仅发生在管理粗放的果园。

天幕毛虫幼虫

天幕毛虫成虫及产卵状

2．形态特征

成虫：雌雄差异很大。雌虫体长18~20毫米，翅展约40毫米，全体黄褐色。触角锯齿状。前翅中央有1条赤褐色宽斜带，两边各有1条米黄色细线；雄虫体长约17毫米，翅展约32毫米，全体黄白色。触角双栉齿状。前翅有2条紫褐色斜线，其间色泽比翅基和翅端部的为淡。

卵：圆柱形，灰白色，高约1.3毫米。每200~300粒紧密黏结在一起环绕在小枝上，呈"顶针"状。

幼虫：低龄幼虫身体和头部均黑色，4龄以后头部呈蓝黑色。末龄幼虫体长50~60毫米，背线黄白色，两侧有橙黄色和黑色相间的条纹，各节背面有黑色瘤数个，其上生许多黄白色长毛，腹面暗褐色。腹足趾钩双序缺环。

蛹：初为黄褐色，后变黑褐色，体长17~20毫米，蛹体有淡褐色短毛。化蛹于黄白色丝质茧中。

3．生活史及习性

1年发生1代，以小幼虫在卵壳内越冬。春季花木发芽时，幼虫钻出卵壳，为害嫩叶，以后转移到枝杈处吐丝张网，1~4龄幼虫白天群集在网幕中，晚间出来取食叶片，5龄幼虫离开网幕分散到全树暴食叶片，5月中、下旬陆续老熟于叶间杂草丛中结茧化蛹。6、7月为成虫盛发期，羽化成虫晚间活动，产卵于当年生小枝上，幼虫胚胎发育完成后不出卵壳即越冬。

在辽西产区，于5月上、中旬，幼虫转移到小枝分杈处吐丝结网，白天潜伏网中，夜间出来取食。幼虫经4次蜕皮，于5月底老熟，在叶背或果树附近的杂草上、树皮缝隙、墙角、屋檐下吐丝结茧化蛹。蛹期12天左右。1年发生1代。以完成胚胎发育的幼虫在卵壳内越冬。第2年果树发芽后，幼虫孵出开始为害。成虫发生盛期在6月中旬，羽化后即可交尾产卵。

4．防治方法

（1）在梨树冬剪时，注意剪掉小枝上的卵块，集中烧毁。春季幼虫在树上结的网幕显而易见，在幼虫分散以前，及时捕杀。分散后的幼虫，可振树捕杀。

（2）成虫有趋光性，可在果园里放置黑光灯或高压汞灯防治。

（3）结合冬季修剪彻底剪除枝梢上越冬卵块。如认真执行，收效显著。为保护卵寄生蜂，将卵块放入天敌保护器中，使卵寄生蜂羽化飞回果园。另外是保护天幕毛虫的天敌，其天敌有：天幕毛虫抱寄蝇、枯叶蛾绒茧蜂、舞毒蛾黑卵蜂、稻苞虫黑瘤姬蜂、核型多角体病毒等。

（4）常用药剂为80%敌敌畏乳

油1 500倍液或52.25%农地乐乳油2 000倍液、90%敌百虫晶体1 000倍液、50%辛硫磷乳油1 000倍液、25%爱卡士乳油或50%混灭威乳油或50%对硫磷乳油1 500倍液、50%杀螟松乳油或50%马拉硫磷乳油1 000倍液；10%溴马乳油、20%菊马乳油2 000倍液；2.5%功夫或2.5%敌杀死乳油3 000倍液；10%天王星乳油4 000倍液。

二十六、李枯叶蛾

李枯叶蛾Gastropacha quercifolia Linnaeus，鳞翅目，枯叶蛾蝌。别名：枯叶蛾、苹叶大枯叶蛾。主要寄主有：苹果、沙果、李、桃、杏、梨、樱桃、梅、核桃、杨、柳等。

1. 危害状

幼虫食嫩芽和叶片，食叶造成缺刻和孔洞，严重时将叶片食光仅残留叶柄。

李枯叶蛾成虫

2. 形态特征

成虫：体长3～45毫米，翅展60～90毫米，雄较雌略小，全体赤褐色至茶褐色。头部色略淡，中央有1条黑色纵纹；复眼球形黑褐色；触角双栉状、带有蓝褐色，雄栉齿较长；下唇须发达前伸，蓝黑色。前翅外缘和后缘略呈锯齿状；前缘色较深；翅上有3条波状黑褐色带蓝色荧光的横线，相当于内线、外线、亚端线；近中室端有1黑褐色斑点；缘毛蓝褐色。后翅短宽、外缘呈锯齿状；前缘部分橙黄色；翅上有2条蓝褐色波状横线，翅展时略与前翅外线、亚端线相接；缘毛蓝褐色。雄腹部较细瘦。

卵：近圆形，直径约1.5毫米，绿至绿褐色，带白色轮纹。

幼虫：体长90～105毫米，稍扁平，暗褐到暗灰色，疏生长、短毛。头黑生有黄白色短毛。各体节背面有2个红褐色斑纹；中后胸背面各有1明显的黑蓝色横毛丛；第8腹节背面有1角状小突起，上生刚毛；各体节生有毛瘤，以体两侧的毛瘤较大，上丛生黄和黑色长、短毛。

蛹：长35～45毫米，初黄褐色后变暗褐至黑褐色。茧长椭圆形，长50～60毫米，丝质、暗褐至暗灰色，茧上附有幼虫体毛。

3. 生活史及习性

东北、华北年生1代，河南2代，

均以低龄幼虫伏在枝上和皮缝中越冬。第2年春寄主发芽后出蛰食害嫩芽和叶片，常将叶片吃光仅残留叶柄；白天静伏枝上，夜晚活动为害；8月中旬至9月发生。成虫昼伏夜出，有趋光性，羽化后不久即可交配、产卵。卵多产于枝条上，常数粒不规则地产在一起，亦有散产者，偶有产在叶上者。幼虫孵化后食叶，发生1代者幼虫达2～3龄（体长20～30毫米）便伏于枝上或皮缝中越冬；发生2代者幼虫为害至老熟结茧化蛹，羽化，第2代幼虫达2～3龄便进入越冬状态。幼虫体扁、体色与树皮色相似故不易发现。

4. 防治方法

（1）结合管理捕杀幼虫。

（2）生物防治：松毛虫赤眼蜂12万头／亩，可防治枯叶蛾幼虫；或白僵菌加松毛虫杆菌(10∶1)混合液(2亿～3亿孢子／毫升)，防治李枯叶蛾幼虫；或青虫菌用2亿孢子／毫升或加入0.1%敌百虫防治幼虫。

（3）化学防治：90%敌百虫晶体1 000～1 500倍液，或50%二溴磷乳油3 000倍液；或灭幼脲25%苏脲1号胶悬剂3 000倍液；或50%杀螟松乳油1 000倍液；或2.5%溴氰菊酯乳油1～1.5毫升／亩，或25%杀灭菊酯乳油，8～10毫升／亩。

二十七、舟形毛虫

舟形毛虫 *Phalera flavescens* Bremer et Grey 属鳞翅目，舟蛾科，又名苹果天社蛾。该虫几乎遍布全国。主要危害桃、李、杏、苹果、梨及杨、柳等树木。

1. 危害状

以幼虫危害叶片，严重时可吃光叶片。

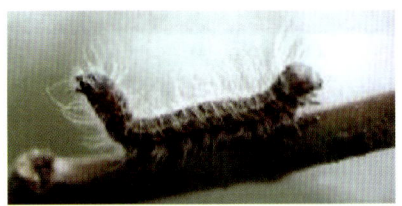

舟形毛虫幼虫

舟形毛虫成虫

2. 形态特征

成虫：体长约25厘米，翅展约25毫米。体黄白色。前翅不明显波浪纹，外缘有黑色圆斑6个，近基部中央有银灰色和褐色各半的斑纹。后翅淡黄色，外缘杂有黑褐色斑。

卵：圆球形，直径约1毫米，初产时淡绿色，近孵化时变灰色或黄白色。卵粒排列整齐而成块。

幼虫：老熟幼虫体长50毫米左右。头黄色，有光泽，胸部背面紫黑色，腹面紫红色，体上有黄白色。静止时头、胸和尾部上举如舟，故称"舟形毛虫"。

蛹：体长20~23毫米，暗红褐色。蛹体密布刻点，臀棘4个至6个，中间2个大，侧面2个不明显或消失。

3. 生活史及习性

1年发生1代。以蛹生树冠下1~18厘米土中越冬。第2年7月上旬至8月上旬羽化，7月中、下旬为羽化盛期。成虫昼伏夜出，趋光性较强，常产卵于叶背，单层排列，密集成块。卵期约7天。8月上旬幼虫孵化，初孵幼虫群集叶背，啃食叶肉呈灰白色透明网状，长大后分散危害，白天不活动，早晚取食，常把整枝、整树的叶子蚕食光，仅留叶柄。幼虫受惊有吐丝下垂的习性。8月中旬至9月中旬为幼虫期。幼虫5龄，幼虫期平均40天，老熟后，陆续入土化蛹越冬。

4. 防治方法

(1) 冬、春季结合树穴深翻松土挖蛹，集中收集处理，减少虫源。

(2) 灯光诱杀成虫：因害虫成虫具强烈的趋光性，可在7、8月份成虫羽化期设置黑光灯，诱杀成虫。

(3) 利用初孵幼虫的群集性和受惊吐丝下垂的习性，少量树木且虫量不多，可摘除虫叶、虫枝和震动树冠杀死落地幼虫。

(4) 药剂防治：低龄幼虫期喷20%灰幼虫脲悬剂1 000倍液。树多虫量大，可喷500~1 000倍的每毫升含孢子100亿以上的Bt乳剂杀较高龄幼虫。虫量过大，必要时可喷80%敌敌畏乳油1 000倍液或90%晶体敌百虫1 500倍液或20%菊花乳油2 000倍液均有效。

(5) 人工释放卵寄生蜂。

二十八、杏星毛虫

杏星毛虫 *Illiberis nigra* Leech，又名杏毛虫、梅熏蛾、桃斑蛾、红褐杏毛虫等，幼虫俗名夜猴子。属于鳞翅目，斑蛾科。主要为害桃、杏、李、梅、樱桃、山楂、梨、柿、葡萄等果树。在我国普遍存在。

1. 危害状

该虫主要靠食芽、花、叶为生，春天开始活动后，食害刚萌动的幼芽，严重的导致枯死。待发芽后，开始为害花和叶，食叶呈现缺刻和孔洞，严重的将叶片吃光。

杏星毛虫幼虫

2. 形态特征

成虫：体长7～10毫米，翅展21～23毫米，体黑褐具蓝色光泽，前翅第1径分脉至第2径分脉的距离短于2、3径分脉的距离，翅半透明，布黑色鳞毛，翅脉、翅缘黑色，雄虫触角羽毛状，雌虫短锯齿状。

卵：椭圆形，扁平，长约0.7毫米，中部稍凹陷，白至黄褐色。

幼虫：体长13～16毫米，体胖近纺锤形，背暗赤褐色，腹面紫红色。头小黑褐色，大部分缩于前胸内，取食或活动时伸出。腹部各节具横列毛瘤6个，中间4个大，毛瘤中间生很多褐色短毛，周生黄白长毛。前胸盾黑色，中央具1淡色纵纹，臀板黑褐色，臀彬黑色10余齿。

蛹：椭圆形，长9～11毫米，淡黄至黑褐色。

茧：椭圆形，长15～20毫米，丝质稍薄淡黄色，外常附泥土、虫粪等。

3. 生活史及习性

一般年生1代，主要以初龄幼虫在裂缝中和树皮缝、枝杈及贴枝叶下结茧越冬。树体萌动时开始出蛰，最初先蛀食幼芽，后为害蕾、花及嫩叶，此间如遇寒流侵袭，则返回原越冬场所隐蔽。3龄后白天潜伏到树干基部附近的土、石块及枯草落叶下、树皮缝中，19时后又上树取食叶片，直至翌晨4～5时。

5月中旬老熟幼虫开始结茧化蛹，一般在树干周围的各种被物下、皮缝中。蛹期大概21～25天。6月上旬成虫羽化交配产卵，多产在树冠中、下部老叶叶背面，块生，卵粒互不重叠，中间有空隙，成虫寿命9～17天，卵期10～11天。第1代幼虫于6月中旬始见，啃食叶片表皮或叶肉，被害叶呈纱网状斑痕，受惊扰吐丝下垂，幼虫稍经取食后于7月上旬结茧越冬。

4. 防治方法

(1) 物理防治：加强果园管理，增强树势，合理修剪，发现有结茧的枝叶及时剪除，减少虫源，结合修剪，清理果园，将病残枝及落叶集体烧毁。选择抗虫品种。休眠期可在树上涂白。

(2) 生物防治：利用该虫白天下树潜伏的习性，可在树干周围喷洒25%对硫磷微胶囊剂50～60倍液。也可在树干基部铺瓦片、碎砖等诱集幼虫然后杀灭。保护和利用天敌，天敌主要有金光小寄蝇、常却寄蝇、梨星毛虫黑卵蜂、潜蛾姬小蜂等。

(3) 化学防治：在果树休眠期用80%敌敌畏乳油或25%喹硫磷乳油200倍液封闭剪口、锯口，可消灭大部分越冬幼虫。早春发芽时喷洒75%辛硫磷或2.5%高效氯氰菊酯乳油2 000倍液，防治越冬代幼虫。

二十九、美国白蛾

美国白蛾 Hlyphantria cunea (Drury) 又名美国灯蛾、秋幕毛虫、秋幕蛾，属鳞翅目，灯蛾科。是世界性检疫害虫。主要危害各种树木，如果树、行道树和观赏树木等，尤其以阔叶树为重。现在辽宁、河北、山东、北京、天津、陕西等地发现该虫害危害。

1. 危害状

1979年在辽宁省首次发现美国白蛾，1985年西安市有所报道，1999年以来，唐山市及周边地区都有此虫危害，并作为主要害虫进行了防治。其幼虫食性很杂，被害植物主要有臭椿、法桐、山楂、桑树、苹果、杏树、海棠、金银木、紫叶李、桃树、榆树、柳树等。初孵幼虫有吐丝结网，群居危害的习性，每株树上多达几百头、上千头幼虫危害，常把树木叶片蚕食一光，严重影响树木生长。

美国白蛾1940年传入欧洲，现已传入欧洲10多个国家，以及日本、朝鲜半岛、土耳其。1979年传入我国辽宁丹东一带，1981年自辽宁通过木材运输传入山东荣成县，并在山东相继蔓延。1995年在天津发现，1985年在陕西武功县发现并形成危害。

美国白蛾传播途径主要通过木材、木包装等进行传播，还可通过飞翔进一步扩散。其繁殖力强，扩散快，每年可向外扩散35～50公里，可危害果树、林木、农作物及野生植物等200多种植物。在果园密集的地方以及游览区、林荫道发生严重时可将全株树叶食光，造成部分枝条甚至整株死亡，严重威胁养蚕业、林果业和城市绿化，造成惊人的损失。此外，被害树长势衰弱，易遭其他病虫害的侵袭，并降低抗寒抗逆能力。

美国白蛾成虫

周氏啮小蜂

2. 形态特征

成虫：白色中型蛾子，体长13~15毫米。复眼黑褐色，口器短而纤细；胸部背面密布白色，多数个体腹部白色，无斑点，少数个体腹部黄色，上有黑点。雄成虫触角黑色，栉齿状，翅展23~34毫米，前翅散生黑褐色小斑点。雌成虫触角褐色，锯齿状；翅展33~44毫米，前翅纯白色，后翅通常为纯白色。

卵：圆球形，直径约0.5毫米，初产卵浅黄绿色或浅绿色，后变灰绿色，孵化前变灰褐色，有较强的光泽。卵单层排列成块，覆盖白色鳞毛。

幼虫：老熟幼虫体长28~35毫米，头黑，具光泽。体黄绿色至灰黑色，背线、气门上线、气门下线浅黄色。背部毛瘤黑色，体侧毛瘤多为橙黄色，毛瘤上着生白色长毛丛。腹足外侧黑色。气门白色，椭圆形，具黑边。根据幼虫的形态，可分为黑头型和红头型两型，其在低龄时就明显可以分辨。3龄后，从体色，色斑，毛瘤及其上的刚毛颜色上更易区别。

蛹：体长8~15毫米，暗红褐色，腹部各节除节间外，布满凹陷刻点，臀刺8~17根，每根钩刺的末端呈喇叭口状，中凹陷。

3. 生活史及习性

美国白蛾在唐山等北方地区1年发生2代，以蛹结茧，在老树皮下、地面枯枝落叶和表土内越冬。次年5月开始羽化，两代成虫发生期分别在5月中旬至6月下旬，7月下旬至8月中旬；幼虫发生期分别在5月下旬至7月下旬，8月上旬至11月上旬。9月初开始陆续化蛹越冬。

成虫喜夜间活动和交尾，交尾后即产卵于叶背，卵单层排列成块状，一块卵有数百粒，多者可达千粒，卵期15天左右。幼虫孵出几个小时后即吐丝结网，开始吐丝缀叶1~3片，随着幼虫生长，食量增加，更多的新叶被包进网幕内，网幕也随之增大，最后犹如一层白纱包缚整个树冠。

幼虫共7龄，5龄以后进入暴食期，把树叶蚕食光后，转移危害。大龄幼虫可耐饥饿15天。这有利于幼虫随运输工具传播扩散。幼虫蚕食叶片，只留叶脉，致使树木生长不良,甚至全株死亡。

4. 防治方法

(1) 加强检疫:严禁从疫区调运苗木、木材等,并在疫区内积极进行防治,有效地控制疫情的扩散。

(2) 人工防治:在幼虫3龄前发现网幕后人工剪除网幕,并集中处理。如幼虫已分散,则在幼虫下树化蛹前采取树干绑草的方法诱集下树化蛹的幼虫,定期定人集中处理。

(3) 利用美国白蛾性诱剂或环保型昆虫趋性诱杀器诱杀成虫。在成虫发生期,把诱芯放入诱捕器内,将诱捕器挂设在林间,直接诱杀雄成虫,阻断害虫交尾,降低繁殖率,达到消灭害虫的目的。

(4) 化学药剂喷药防治:在幼虫危害期做到早发现、早防治。在防治中,重点检查臭椿、榆树、桃树、白腊等树种是否有幼虫危害,如果有幼虫危害,及时防治。药剂选用Bt乳剂400倍液、2.5%溴氰菊酯乳油2 500倍液。80%敌敌畏乳油1 000倍液、5%来福灵4 000倍液喷药防治,均可有效控制此虫危害。

(5) 生物防治:周氏啮小蜂是新发现的物种,原产于我国,却成为美国白蛾的天敌(因幼虫在所出生的叶子上裹上了网,所以农药可能作用不大)。白蛾周氏啮小蜂由中国林科院发现的一种寄生率高、出蜂量大、能有效控制美国白蛾的蛹寄生蜂。这种小蜂可以找到在各种隐蔽场所化蛹的美国白蛾,产卵寄生。该项研究成果保护生态环境,不杀伤天敌,是防治美国白蛾的先进技术。利用周氏啮小蜂防治美国白蛾是我国生物防治的一个创举,使我国利用昆虫天敌防治美国白蛾的技术跃居世界前列,达到了国际先进水平。

三十、桃象甲

桃象甲 *Rhynchites confragossicollis* Voss 属于鞘翅目,卷象科。又称桃象鼻虫、桃虎象。该虫分布于华东、华中各地桃园,尤以山地桃园发生为重。该虫主要为害桃,也能危害杏、李、梨、苹果等。

1. 危害状

以成虫咬食桃树的花和幼果以及嫩芽、幼叶,并易传播褐腐病;幼虫则蛀食果肉和果核,使果面蛀孔累累、流胶。受害轻者品质降低,重者引起腐烂,造成落果。成虫还为害叶和花,食叶造成大小不一圆形至椭圆形孔洞或呈缺刻状。

桃象甲成虫

2. 形态特征

成虫：体长约10毫米，红铜色有金属光泽，前胸两侧下端的刺短且钝。喙细长。前胸背面"小"字形凹陷不如梨虎象明显，鞘翅上刻点细，每鞘翅上9行，长短一致。

卵：长约1毫米，椭圆形，乳白色。

幼虫：体长10毫米，乳白色略带浅黄色，体弯曲，背面拱起，胸足不发达，腹足。

蛹：长8毫米，浅黄色，稍弯曲，头、胸部背面褐色，有长刺毛。

3. 生活史及习性

1年发生1代，主要以成虫及部分幼虫在桃树下5～30厘米土中越冬，次年春季桃树开花时开始出土上树为害，气温在13～15℃时出土最多。以4月初幼果期，成虫盛发后为害最严重，落果最多。4月底开始产卵，盛期在5月上中旬。卵期10天左右。5月中下旬是孵化盛期。

成虫怕阳光，常栖息在花、叶、果比较茂密的地方，有假死性，受惊后即坠落地面或在下落途中飞逃。成虫产卵时用喙在幼果表面咬成卵孔，把卵产在孔中，一般一个孔产1粒，个别可产2～3粒，一个果上可着卵数十粒。6月中旬老熟，脱果入土，幼虫入土期一直延续到9月下旬。成虫主要为害幼果，以头管伸入果内，食害果肉。

4. 防治方法

(1) 加强果园管理：在成虫产卵及幼虫在果内危害期间，结合疏果及时摘除树上虫果并拾净地上落果包括病果，集中深埋或沤肥，消灭其中幼虫。

(2) 成虫发生期间，利用其假死性，每日清晨露水未干时在桃树下铺塑料薄膜或白布，摇震树枝，震落成虫集体捕杀。

(3) 早春于越冬成虫出土活动前进行土壤消毒，毒杀土中越冬成虫。秋末冬初，结合冬季施肥将树盘10厘米的土层翻入施肥沟，生土撒于地表，可将越冬幼虫深埋；在土壤结冰时，整树盘灌大水，降低土壤含氧量，也能杀死大部分越冬幼虫。

(4) 成虫发生期间喷洒80%敌敌畏乳剂1 500倍液，或90%晶体敌百虫1 000倍液，或50%亚胺硫磷乳剂1 000倍液，或20%杀灭菊酯乳剂2 000倍液，或2.5%溴氰菊酯乳剂3 000倍液。

三十一、小木蠹蛾

小木蠹蛾 *Holcocerus insularis*，鳞翅目 *Lepidoptera* 木蠹蛾科。

1. 危害状

以1～2龄幼虫在韧皮部和木质部外层为害，3龄后逐渐蛀入木质部深层危害。造成枝干蛀孔，并在枝干上形成从上向下纵横交错，互相连通的通道。造成树干中空或死树。

小木蠹蛾成虫

小木蠹蛾老熟幼虫

2. 形态特征

成虫体长16～28毫米，翅展35～58毫米，暗灰色至灰褐色。前翅基部2/3色深，密布不很明显的黑色波状横纹；亚缘线黑色，较明显，近前缘分叉呈"Y"字形。卵长约1.2毫米，卵圆形，暗褐色，表面具纵棱，棱间有横刻纹。幼虫老熟时体长25～40毫米，头红褐色，胸、腹部背面浅红色，体背每节前半部有1条深红色宽横纹，后半部有浅红色窄横纹。腹面黄白色。蛹体长16～34毫米，褐色。腹部背面有刺突：雌蛹第1～6节2列，第7～9节1列；雄蛹第1～7节2列；第8、第9节1列。末端向腹面弯曲。

3. 生活史及习性

在我国北方2年至3年发生1代，以不同龄期幼虫在枝干坑道内越冬。老熟幼虫5月下旬在坑道内化蛹。成虫发生在6月中旬至7月下旬，卵产在树皮裂缝、树枝分杈及剪锯口伤疤处，每处数粒，每雌平均产卵89粒。7月为卵孵化盛期。1～2龄幼虫在韧皮部和木质部外层为害，3龄后逐渐蛀入木质部深层。坑道从上向下纵横交错，互相连通。从孔口排出大量虫粪和木屑，大部分落在地面上。10月幼虫越冬。

4. 防治方法

(1) 及时锯掉被害枝干，烧毁减少虫源。

(2) 排粪孔投药杀幼虫。先用铁丝清除虫粪，每孔塞入80%敌敌畏原液或40%乐果原液0.5毫升，或再塞入棉球堵塞，然后用黄泥封口，毒杀幼虫。

(3) 幼虫期虫孔注射芫菁夜蛾线虫（*Steinraema feltiae*）水悬浮液。剂量每毫升清水中含1 000～2 000条线虫，用尖嘴塑料瓶注入虫孔直至枝干下部连通的排粪孔流出线虫水悬液为止，2～5天后树干内的幼虫爬出。防治效果较好。

第三章

桃李杏病虫害无公害防治及丰产优质管理技术要点

一、发芽前

1. 喷铲除性药剂，杀灭枝干表面病虫：3月上中旬全园喷1次3%高效浓缩清园剂（机油·石硫）300~400倍、石硫合剂晶体30~40倍加助杀1 000倍液。

2. 防治蚜虫：花芽露红（白）期，枝干表面越冬的桃蚜卵孵化为若虫，此时喷药是全年防治桃蚜最有效的时期，往往是1次喷药管1年。药剂可用：

（1）48%毒死蜱1 200倍液或48%乐斯本1 000倍液加助杀1 000倍液。

（2）啶虫脒3 000倍液或30%吡虫啉2 000倍液加助杀1 000倍液。此次喷药，水量要大，淋洗式。

3. 防治球坚蚧：3月上旬，在2年生枝基部越冬的2龄若虫开始分散活动，此时喷药，防治效果较好。药剂可用48%乐斯本1 000倍液加助杀1 000倍液。

4. 提高坐果率

（1）开花前10天左右，全园喷PBO250倍液1次，可明显提高坐果率。（注：PBO是由细胞分裂素BA、生长素衍生物、增糖着色剂、延缓剂、早熟剂、防冻剂、防裂剂、杀菌剂及10多种营养元素组成。）

（2）结合浇水，施速效氮肥（如尿素，每株1~2千克），供应发芽后需氮肥。

（3）发芽前用氨基酸涂抹宝涂刷主干，明显增强树势，提高坐果率。

各果园要根据本果园的具体情况，选用以上措施。

二、开花到落花

李子园此时注意防治李实蜂。李实蜂蛀食幼果，导致大量落果，是许多李园坐果稀少的重要原因。有该虫害发生的李树园，应在花铃铛期，落花80%时，落花后7~10天各喷药1次。

药剂可用：20%甲氰菊酯·辛2 000倍或4.5%高效氯氰菊酯2 000倍或25%马·氰乳油1 200倍加助杀1 000倍。（注：马·氰乳油为马拉硫磷与氰戊菊酯混配剂）

三、果树生长期（落花——采收）

1.病害防治：落花后桃、杏、李的主要病害一是疮痂病（黑星病）；二是穿孔病。疫腐病、褐腐病在某些果园也有发生，应当注意防治。

(1)疮痂病：使用药剂有：80%大生M-45、12.5%腈菌唑、烯唑醇2 000～3 000倍液、40%福星（氟硅唑）8 000～10 000倍，对该病有良好的预防和治疗作用。

(2)穿孔病：桃、杏、李均可发生穿孔病，以桃树较重。

(3)褐腐病：只为害果实。桃、杏、李均有发生，桃、杏褐腐比较常见。

(4)疫腐病：只为害果实，桃疫腐比较常见。使用药剂有：90%疫霜灵400～600倍液、72%克霜氰、甲霜灵锰锌600～800倍液、50%金科克（烯酰吗啉）1 500～2 000倍液等对该病有特效。

(5)炭疽病：主要为害果实，也为害新梢。

2.虫害防治：落花后到采收前，近几年为害最严重的虫害是蛀果害虫，主要是梨小食心虫和桃蛀螟，尤以梨小食心虫为害最重。此外，蚜虫、蚧壳虫（树虱子）、红蜘蛛、卷叶蛾、潜叶蛾等也时有发生，造成危害。

(1)蚜虫：如果花前没有防治，落花后要及时喷药。对蚜虫有效的药剂是吡虫啉和啶虫脒，毒死蜱类杀虫剂对蚜虫也有良好效果，还可兼治介壳虫、食心虫、卷叶蛾等。杏、李树蚜虫的防治技术与桃相同。

(2)介壳虫：桃、杏、李上常见介壳虫有球坚蚧和桑白蚧两类。其防治时，均需在1～2龄若虫期喷药，否则效果较差。5月上中旬是防治球坚蚧的最佳喷药期；5月中下旬是防治桑白蚧的最佳喷药期。50%二溴磷乳油1 000倍液、48%乐斯本乳油1 000～1 200倍液等。配药时加入0.1%助杀，效果更好。以上药剂对蚜虫、卷叶蛾、食心虫等有良好的兼治作用。

(3)山楂叶螨，又称红蜘蛛；应在落花后10～15天喷1次20%克螨敌1 500～2 000倍液加助杀1 000倍液，对红蜘蛛防治效果极佳。6月上中旬喷1.0%螨虱净2 000倍液加助杀1 000倍液，对白蜘蛛防治效果优异。

(4)瘿螨畸果——下心瘿螨为害，形成疙瘩桃。落花后立即喷1次杀螨剂，7天后再喷1次，即能控制为害。5月上旬后再喷药即无效果。

（5）茶翅蝽，危害后形成疙瘩桃，防治蝽象应从5月中下旬开始喷药，20%甲氰菊酯·辛2 000倍液、48%乐斯本（毒死蜱）1 200倍液，都有良好效果。

（6）食心虫，钻蛀桃果的虫害主要有桃蛀螟和梨小食心虫。防治的有效药剂有：48.8%毒死蜱1 500倍液、25%马氰1 200倍液、25%桃小一次净1 200倍液、50%二溴磷1 000倍液、20%甲氰菊酯·辛1 500倍液等。防治食心虫，喷药时间是关键。

3. 配套技术

(1) 施肥：

① 发芽前以氮肥为主，每株施尿素1～2千克，为春季新梢和果实生长备足营养。弱树主干涂抹氨基酸涂抹宝1次，可明显增强树势。

② 硬核期后，果实加速生长，应及时补充氮肥和磷肥，每株可施磷酸二铵或一铵1～2千克。

③ 果实生长中后期，应增施钾肥和磷肥，有利于果实增色，增甜。结合喷药，喷0.5%～0.8%磷酸二氢钾2～3次，效果较明显。

④ 中熟果采收前后进行秋施肥。土施以有机肥为主，结合速效肥料；同时加强叶面喷肥，增强树体营养积累，促进花芽分化，为下年丰产优质奠定基础。

(2) 控旺：

① 幼龄旺树开花前土施多效唑，每株20～25克，控制旺长，减轻夏剪压力。

② 开花前10天左右，喷PBO 250倍液1次，控春梢旺长，明显提高坐果率。

③ 落花后1个月，喷PBO 250倍液1次，1个月后再喷1次，控制新梢旺长，减少生理落果，促进果实生长。

四、落叶后

（1）果园卫生：彻底清扫落叶，挖坑深埋。

（2）喷铲除性药剂：落叶后全园喷1次3%高效浓缩清园剂（机油·石硫）300倍液，铲除枝干带菌。

图书在版编目（CIP）数据

桃李杏病虫害诊治原色图谱/楚燕杰主编．—北京：科学技术文献出版社，2011.10
 ISBN 978-7-5023-6864-7
 Ⅰ.①桃… Ⅱ.①楚… Ⅲ.①桃-病虫害防治方法-图谱 ②李-病虫害防治方法-图谱 ③杏-病虫害防治方法-图谱 Ⅳ.①S436.62-64
 中国版本图书馆CIP数据核字（2011）第013125号

桃李杏病虫害诊治原色图谱

策划编辑：袁其兴　责任编辑：浦　欣　责任校对：赵文珍　责任出版：王杰馨

出版者　科学技术文献出版社
地　址　北京市复兴路15号　邮编100038
编务部　(010)58882938，58882087(传真)
发行部　(010)58882868，58882866(传真)
邮购部　(010)58882873
网　址　http://www.stdp.com.cn
发行者　科学技术文献出版社发行　全国各地新华书店经销
印刷者　北京时尚印佳彩色印刷有限公司
版　次　2011年10月第1版　2011年10月第1次印刷
开　本　889×1194　1/32开
字　数　75千
印　张　2.75
书　号　ISBN 978-7-5023-6864-7
定　价　15.00元

版权所有　违法必究

购买本社图书，凡字迹不清、缺页、倒页、脱页者，本社发行部负责调换